入門 | 有限・離散の数学

6

情報科学のための
グラフ理論

加納幹雄

著………………

朝倉書店

まえがき

　グラフは数，表に続く第3の表現方法といわれています．
　数は数値といってもよく，「大きい・小さい」とか「重い・軽い」の代わりに具体的に数値で表せば，はるかに利用価値の高い表現となります．そして数をただ並べるのではなく，表にまとめるとさらに利用価値が上ったり，また表でなければ処理できないものもたくさんあります．初等数学や線形代数は，数や表を裏から理論的に支える数学といってもいいでしょう．
　一方，グラフは数にも表にも扱えなかった構造を表現することができます．たとえばアルゴリズムの流れ図はグラフそのものですし，本書で扱う多くの問題や例はグラフで表現される構造をもっています．つまり，構造をもつ多くの問題がグラフを用いて表現され，グラフ理論の手法を用いて解かれます．しかし規模の大きな実際的な問題を解くにはコンピュータの助けが必要です．そのため，理論だけではなく，「どのようにすればコンピュータを用いて効率的に解けるか」という視点で考えることが常に求められています．
　このような背景のもと，グラフ理論は情報科学の基本のひとつとして情報工学科などにおいては不可欠な科目となっています．私も工学部情報工学科において長年「グラフ理論」の講義をしてきました．そして今回これまでの経験を生かして，情報工学科とか数理学科など情報科学を学ぶコースのためのテキストとして，グラフ理論の本を著わしました．すでに多くのグラフ理論の良書が出版されていますが，情報科学のためのグラフ理論の方針で書かれたテキストは少なく，役立つこともあるのではと思っています．
　本書の特色について説明します．

(1) 情報科学で役立つものに内容を厳選する．

(2) 証明とか手法も情報科学で利用できるものを採用し，そうでないものとか難しいものはすべて割愛する．

(3) 図をたくさん入れて，理解の助けとする．

まず内容の厳選についてですが，情報科学において利用性の高いもの，現に応用されているもの，今後その手法が使えそうなものに内容を絞り込みました．このため数学的な観点からは重要と思われる定理やテーマも，数多く割愛しました．

証明については，理解が困難なもの，論証的な興味しかないようなものはすべて省略しました．その方法とか手法がアルゴリズム的にも重要なものについてのみ説明しました．

図についは本書を見てもらえばすぐにわかるように，およそ140枚という多数の図を載せました．「グラフ理論は図を見て理解するのがもっともわかりやすい」という経験則を忠実に守ったためです．本文の証明や説明は読まなくても，図だけから理解できるものが多数あるはずです．

本書は半年の講義で使うことを想定していますが，卒業研究などで必要となるかもしれないやや進んだ内容もいくつか含んでいます．そのため半年で全部を説明することは難しいでしょう．ただ上でも述べたように，難しい証明は省略してあるし，または説明は詳しく丁寧に述べてあるので，2章以後の節や章は各自の独習にまかせて，適当に無理なく飛ばすことができます．

最後に本書を著わすにあたりお世話になった朝倉書店編集部，また本書の企画も含め日ごろからお世話になっている東海大学教授秋山仁氏に謝辞を表します．

2001年1月

加納幹雄

記 号 一 覧

$\|G\|$	：グラフ G の位数 $=G$ の点の個数
$\|\|G\|\|$	：グラフ G のサイズ $=G$ の辺の個数
$\|X\|$	：集合 X に含まれる要素の個数
$\deg_G(v)$	：点 v の次数
$N_G(v)$	：点 v の近傍
$N_G(S)$	：$\cup_{x \in S} N_G(x)$
$\delta(G)$	：G の最小次数
$\Delta(G)$	：G の最大次数
$E_G(S,T)$	：S と T を結ぶ G の辺の集合
$e_G(S,T)$	：S と T を結ぶ G の辺の個数 $=\|E_G(S,T)\|$
$A_D(S,T)$	：S から T へ向かう D の弧の集合
$\kappa(G)$	：G の連結度
$\lambda(G)$	：G の辺連結度
$s\text{-}t$ 道	：点 s と点 t を結ぶ道
$\kappa_G(s,t)$	：内点素な $s\text{-}t$ 道の最大個数
$\lambda_G(s,t)$	：辺素な $s\text{-}t$ 道の最大個数
$\langle W \rangle_G$	：W から誘導される部分グラフ
K_n	：位数 n の完全グラフ
$K_{n,m}$	：n 点と m 点からなる部集合をもつ完全 2 部グラフ
P_n	：位数 n の道
C_n	：位数 n の閉路
Q_n	：n-次元立方体グラフ
□	：証明の終わり

目　　次

1. グラフの基礎 ………………………………………………… 1
   1.1 グラフとパズル …………………………………………… 1
   1.2 グラフの定義 ……………………………………………… 8
   1.3 次数と握手定理 …………………………………………… 13
   1.4 各種グラフとグラフの演算 ……………………………… 19
   1.5 グラフのコンピュータ表現 ……………………………… 26
   1.6 演習問題 …………………………………………………… 30

2. 最短経路と周遊問題 ………………………………………… 33
   2.1 小道，道，回路，閉路，成分 …………………………… 33
   2.2 グラフの連結度と辺連結度 ……………………………… 35
   2.3 最短経路問題 ……………………………………………… 40
   2.4 オイラー回路と郵便配達人問題 ………………………… 44
   2.5 ハミルトン閉路と巡回セールスマン問題 ……………… 50
   2.6 演習問題 …………………………………………………… 55

3. 木と全域木 …………………………………………………… 58
   3.1 木の定義と基本的な性質 ………………………………… 58
   3.2 木の中心と重心 …………………………………………… 60
   3.3 ラベル木の数え上げ ……………………………………… 64
   3.4 根付き木と木の同形判定 ………………………………… 67
   3.5 全域木と深さ優先探索全域木 …………………………… 71
   3.6 最小重みの全域木 ………………………………………… 74

3.7 全域木と回路と辺切断 76
3.8 演習問題 82

4. 平面グラフ 85
4.1 オイラーの公式 85
4.2 平面的グラフの判定 91
4.3 演習問題 96

5. グラフの彩色 99
5.1 グラフの彩色 99
5.2 グラフの辺彩色 106
5.3 演習問題 114

6. ネットワークと流れ 116
6.1 ネットワーク 116
6.2 流れのアルゴリズム 121
6.3 グラフの辺素な道と無向ネットワークにおける流れ 125
6.4 グラフの内点素な道 129
6.5 演習問題 133

7. グラフの構造 136
7.1 立方体グラフ 136
7.2 k-連結グラフの性質 140
7.3 結婚定理とその応用 149
7.4 グラフのマッチング 157
7.5 最大マッチングを求めるアルゴリズム 160
7.6 演習問題 165

参考文献 169

索　引 171

1

グラフの基礎

1.1 グラフとパズル

グラフのきちんとした定義に入る前に，グラフを使って解けるパズルを3つ紹介する．これによりグラフに親しみ，その利用法の一端をみよう．

握手問題 あるパーティに3組6人の夫婦が参加している．そしてたがいに挨拶をしたり，握手をしたり，話をしている．パーティが終わってからこの6人のなかのAさんが，ほかの5人にこの6人のうちの何人と握手をしたか尋ねたところ，全員から違う人数の答えが返ってきた．さてAとそのパートナーは6人のうちの何人と握手をしただろうか．ただし，パートナー間では握手はしないものとする．

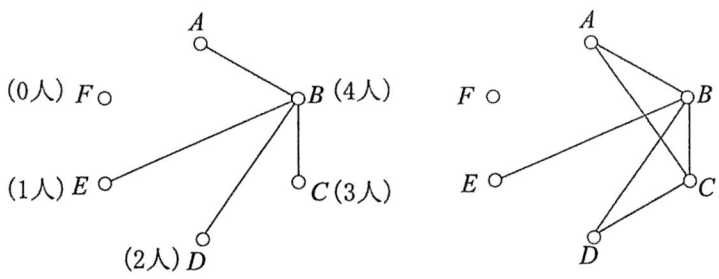

図 1.1 6人の握手グラフ

これを解くために，6人を6つの点 A, B, C, D, E, F で表し，握手をした2

人を線分で結んでグラフをえがくことを試みる．まず，各人はパートナー以外の4人としか握手はできないのでたかだか4人と握手をすることになる．またA以外の5人の答えが違うことから，この5人の答えは4人，3人，2人，1人，0人となっている．

一般性を失うことなく，4人と答えた人をB，3人と答えた人をC，2人と答えた人をD，1人と答えた人をE，0人と答えた人をFと仮定してよい．するとBはF以外の4人と握手をしており，握手をしていないFがBのパートナーということになる．また1人と答えたEもBとだけ握手をしたことがわかる (図1.1左)．

次に3人と答えたCについて考える．容易にわかるようにCはA, B, Dの3人と握手をしている (図1.1右)．そして2人と答えたDの握手の相手も決まり，グラフが完成している．これよりCのパートナーはEで，AのパートナーはDで，AもDも2人と握手をしている．

川渡し問題　ある川の岸に船頭さんFと山羊GとキャベツCと狼Wがいる．そして川にある舟で船頭さんはこれら3つのものを向こう岸に渡そうとしている．しかし解決すべき問題がある．つまり舟は小さくて一度に運べるものはこのなかの1つだけで，また船頭さんがいない岸辺において，もし山羊と狼が置かれていれば狼が山羊を食べ，もし山羊とキャベツが置かれていれば山羊がキャベツを食べてしまうという．どのような順番でどのように運べば全部のものを無事に向こう岸へ運べるか．

すなわち，最初に船頭さんFが山羊Gを向こう岸へ運び，山羊を向こう岸へ置いておき空の舟で戻って，次にキャベツCを運び，というようにしてうまく全部のものが運べるか，というパズルである．もちろん船頭さんFが山羊Gを向こう岸へ運んだとき，こちらの岸には狼WとキャベツCが残っているが，この組合せでは問題は起こらない．しかし，もし最初に船頭さんが狼Wを連れていけば，山羊GとキャベツCが残されキャベツが食べられてしまう．

つまりこのパズルで問題になるのは，危険な状態をどうすれば常に避けることができるかということである．そこで安全な状態を全部書き出して，安全な状態だけで考えればうまく解けるだろうと推測してみる．

図 1.2 川渡し問題：船頭 F, 狼 W, 山羊 G, キャベツ C

　こちら岸が安全である状態は，船頭さんがいて $\{W,G,C\}$ のそれぞれが {いる・いない} の $2^3=8$ 通りと，船頭がいなくて $\{W,G,C\}$ のどれか 1 つだけがいて安全な W, G, C の 3 通りと，船頭がいなくて $\{W,G,C\}$ の 2 つがいて安全な WC の合計 12 通りある．しかしこちら岸が FC のときには向こう岸は WG で問題が起こる．同様に FW とか F のときも向こう岸で問題が起こる．よって両岸で問題が起こらないこちら岸の状態は

$$FWGC, \quad FWG, \quad FWC, \quad FGC, \quad FG, \quad WC, \quad W, \quad G, \quad C, \quad \emptyset$$

の 10 通りである．ただし空集合 $\emptyset$ は全部が向こう岸に渡った状態を表している．

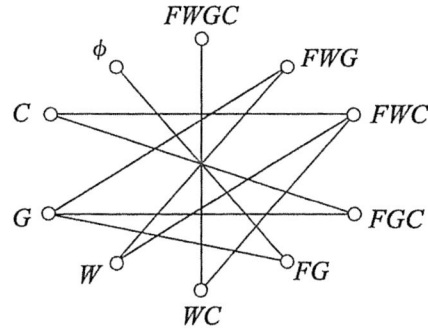

図 1.3 安全な状態と片道移動グラフ

ここでたとえば FWG と W の組を考える．こちら岸が FWG のとき船頭 F が G を連れて向こう岸へ行けば，こちら岸は W の状態になるし，また逆にこちら岸が W のときに船頭が向こう岸から G を連れて帰ればこちら岸は FWG になる．このように FWG と W は，船頭さんの片道の舟運びで移りあうのでこれらの2点を線分で結ぶ．

こちら岸	FWG		向こう岸	C	
こちら岸	W	FG	向こう岸	C	（渡す途中）
こちら岸	W		向こう岸	FGC	

$$FWG \text{ ——— } W$$

同様にほかの2点に対しても，2点の表す状態が船頭の片道の舟運びで移りあうときに線分で結ぶ．もちろん線分は船頭のいる状態といない状態を結んでいるし，船頭が舟で渡す途中でも両岸は安全である．このようにして可能なすべての線分をえがき出すと図1.3のようなグラフがえられる．

このグラフにおいて $FWGC$ から出発して，全部が渡る $\emptyset$ の状態へ行く道順を捜せばよい．たとえば

$$FWGC \to WC \to FWC \to W \to FWG \to G \to FG \to \emptyset$$

のような順番に運べば問題なく渡すことができる．

即席発狂器パズル　図1.4のように，各面が赤 R，青 B，黄 Y，緑 G で塗られたサイコロが4個ある．これを積み上げて柱をつくり，柱の4つの柱面にそれぞれ赤，青，黄，緑の面が出るようにせよ．

たとえば図1.4にある成功した積み上げと，失敗した積み上げの例をみれば，このパズルの内容が容易に了解できよう．失敗したものではある柱面に4色の面が現れてなく，パズルの解になっていない．このパズルは解の例を見るとやさしいパズルに思われるが，そのむずかしさから即席発狂器の異名をもっている．

このパズルがむずかしいのは，サイコロの6面のうち4面が柱面に現れるが，

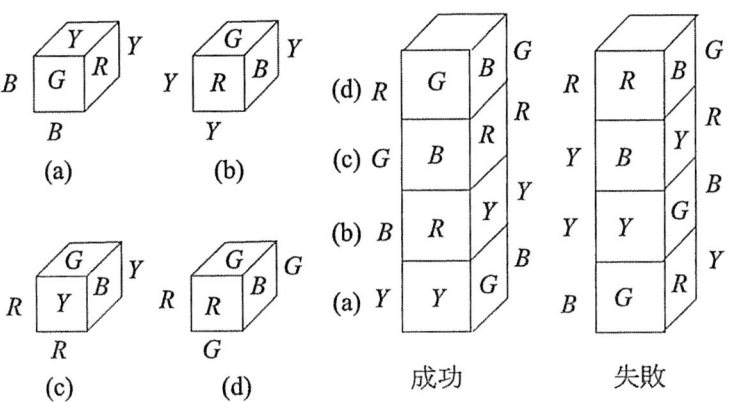

図 1.4　4 個のサイコロと成功と失敗の積み上げ

これが 2 面ずつ 3 組の対になっており，サイコロを回してある面を柱面に出すとその対の面も自動的に柱面に現れ，ほかの柱面をそのままにして，ある柱面の 1 面だけを希望の色にすることができないためである．そこでこれら 3 組の面の色に着目して各サイコロの状態を図示すると，図 1.5 のようになる．

たとえば (c) のサイコロでは黄 Y と黄 Y の面が対になり，そして青 B と赤 R の面，緑 G と赤 R の面が対になっている．この状況を図 1.5(c) のようなグラフで表す．

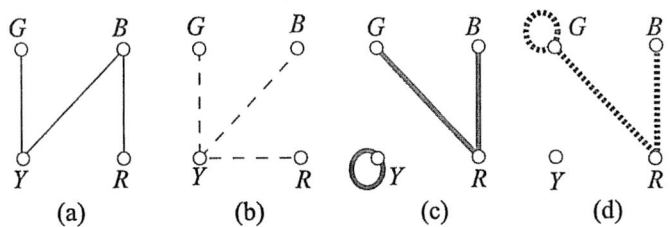

図 1.5　4 個のサイコロのグラフ表現

次に柱面に 4 色の面が現れる状況を表現しよう．ここでも向かい合う面が対になっていることから，図 1.4 の成功した積み上げを，2 組の柱面の対に分けて，サイコロと同様に表示する．たとえば表と裏の柱面は図 1.6 となるが，こ

れを図 1.6 のグラフ H のように表示する．同様にして左右の面を表すグラフ K もつくる．

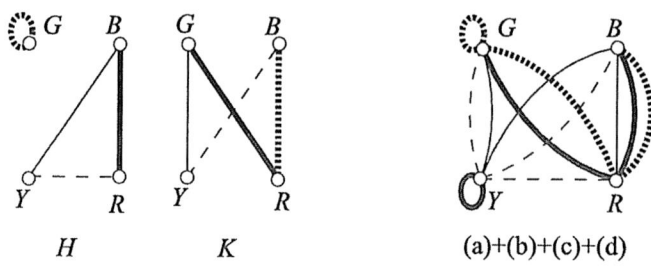

図 1.6 サイコロの積み上げのグラフ表現

これより即席発狂器パズルは，4 つのサイコロをまず図 1.5 のようなグラフとしてえがき，これらを合わせた図 1.6 の右図のグラフから 2 つの互いに素な部分グラフ H と K をみつける問題になる．このとき H とか K には (a),(b),(c),(d) の各サイコロのグラフの線が 1 本ずつあり，またすべての色に対してこれと結ばれている線分がある．

このような 2 つのグラフ H と K が求まれば，向きが順方向になるように各線分に矢印を入れる．ここで矢印の根元は表面や左面を表し，矢印の先端は裏面や右面を表しており，これにより具体的に積み上げられる．

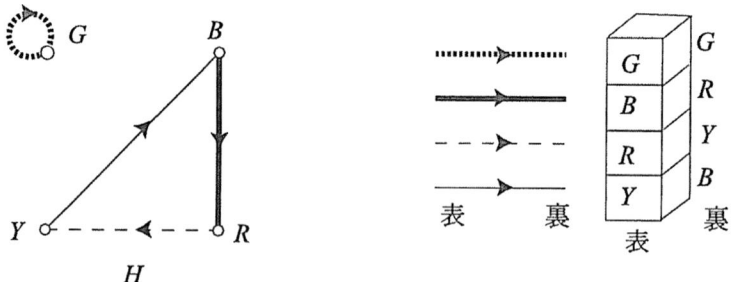

図 1.7 グラフ H とサイコロの積み上げ

たとえば，図 1.7 のグラフのように矢印を入れると図 1.7 のような積み上げがえられる．矢印をこれとは違うようにつけると異なる積み上げがえられる．なお，グラフ H に対応する柱面を表と裏に出せば，K に対応する柱面は左と右に表すことになるが，左右の柱面は表裏の柱面の色を保ったまま自由に変えられることに注意しよう．

問 1.1 握手問題を 8 人の場合で考えよ．つまりパーティに 4 組 8 人の夫婦が参加しており，A さんがほかの 7 人にこの 8 人のなかの何人と握手をしたか尋ねたところ，全員から違う人数の答えが返ってきた．A とそのパートナーは 8 人のなかの何人と握手をしたか．

問 1.2 川の岸に船頭さん F と山羊 G と羊 S とキャベツ C がいる．船頭さんはこれら 3 つのものを向こう岸にどうすれば安全に運べるか．ただし，舟で一度に運べるものはこのなかの 1 つだけで，山羊とキャベツ，羊とキャベツを同じ岸に置いておくとキャベツが食べられてしまう．

問 1.3 13 チームと 11 チームの勝ち抜き戦（トーナメント戦）の表をつくれ．ただし優勝チームだけが決まればよいものとする．
(ヒント) どの試合をみても左側と右側のチーム数の差が 1 以下になるようにつくれ．図 1.8(a) の左の準決勝では，左右のチーム数の差が 2 であり不適当．

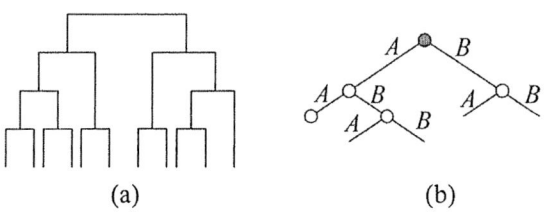

図 1.8 (a) 不適当なトーナメント　(b) ゲームの木

問 1.4 A と B の 2 人が 1 回ゲームをすると A の勝つ確率は p で，B の勝つ確率は $1-p$ である．今この 2 人が夕食を賭けて「もし A が 2 回連続してゲームに勝てば A の勝ち，もし B が合わせて 3 回ゲームに勝てば B の勝ち」とい

うルールで勝負をした．もちろん一方が勝ちの状態になれば勝負は終わる．A がこの勝負に勝つ確率を求めよ．さらにもし A と B の1回のゲームに勝つ確率が同じ $\frac{1}{2}=0.5$ ならどちらが有利だろうか．
(ヒント) 図1.8(b)のようなゲームの木をつくって考えよ．つまり最初の状態を最上の点で表し，A が勝てば左下の点に進み，B が勝てば右下の点に進む．以下同様に各点から下の2点へ進むようにグラフをえがけ．ただし勝負のつく点で止める．たとえば左下，左下と進めば A の勝ちで，こうなる確率は p^2 である．解：$p^2(1+q+q^2)+p^3(q+2q^2)+p^4q^2$, $q=1-p$

1.2 グラフの定義

グラフ(graph) は，いくつかの点(vertex) とそれらを結ぶ曲線＝線分からなる図形である．曲線は辺(edge) とよばれ，どの2点を結んでいるかだけが重要であり，それらが交差しているとか，曲がっているとか，直線分であるかどうかなどは問題にならない．つまり，辺は結んでいる2端点のみで決まり，点 x と点 y を結ぶ辺は $\boldsymbol{xy}$ とか $\boldsymbol{yx}$ で表す．したがってグラフ G は点集合 $V(G)$ と辺集合 $E(G)$ からなる図形であり，辺集号 $E(G)$ は $V(G)$ の2点対からなる集合といえる．なお，点を頂点とか節点，辺を枝とよぶこともある．

図1.9のグラフ G は

$$V(G)=\{u,v,w,x,y\}, \qquad E(G)=\{uv,vw,vx,xy,xw,yv\}$$

のように表される．なお，混乱のおそれのないときには，$V(G)$, $E(G)$ を簡単に V, E とかくこともある．点の個数を位数といい $|G|$ で表し，辺の個数をサイズといい $||G||$ とかく．

$$G \text{の位数} = |G| = |V(G)|, \qquad G \text{のサイズ} = ||G|| = |E(G)|$$

ここで $|X|$ は集合 X に含まれる要素の個数を表す．

点 x と点 y を結ぶ辺 $e=xy$ があれば，x と y を e の端点といい，

$$\text{点 } x \text{ と点 } y \text{ は隣接している,}$$

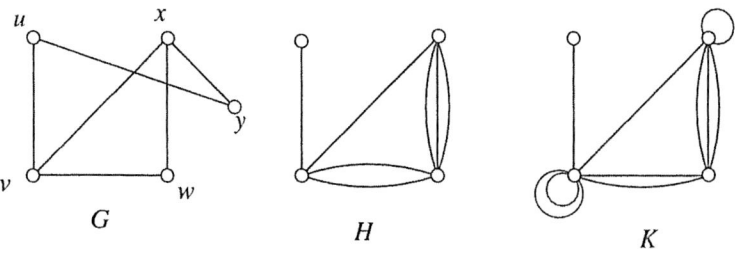

図 1.9　グラフ G ($|G|=5$, $\|G\|=6$), 多重グラフ H, 広義グラフ K

辺 e と点 x (点 y) は接続している

という．また，2 つの辺は 1 つの端点を共有しているとき隣接しているという．

グラフにおいて，2 点を結ぶ辺が 2 本以上あってもよいグラフとか，端点が 1 点からなる辺を許すグラフを考えることもある．このような辺はそれぞれ多重辺とかループとよばれており，

> 多重辺もループも許されたグラフを広義グラフ，
> ループはなく多重辺は許されたグラフを多重グラフ

とよぶ．ループや多重辺のない普通のグラフをこれらと区別して単純グラフとよぶこともある．また，広義グラフとか多重グラフにおいても多重辺とかループもまとめて簡単に辺とよぶ．

このように 3 種類のグラフがあるが，本書では主に単純グラフを扱い，グラフといえば単純グラフを表す．また，広義グラフはパズルのところで用いたが，特殊なグラフなので扱わないことにし，多重グラフを扱うときには，それを明記する．

2 つのグラフ G と H に対して，$V(G)$ から $V(H)$ への 1 対 1 の対応 $f\colon V(G) \to V(H)$ で隣接関係を保存するもの，つまり

$$xy \in E(G) \iff f(x)f(y) \in E(H)$$

となるものが存在するとき，G と H は同形であるといい，$G \cong H$ とかく．

たとえば図 1.10 のグラフ G と H において，1 対 1 の対応

$$f : V(G) \to V(H) \quad \text{を} \quad f(1) = a, f(2) = b, \cdots, f(6) = g$$

と定義する．すると G の点 1 と 4 は隣接し，対応する H の点 a と d も隣接している．また G の点 1 と 3 は隣接してなく，対応する H の点 a と c も隣接していない．同様なことがすべての 2 点において成り立っている．よって G と H は同形である．

同形なグラフは外見的には違っていても，本質的にはまったく同じグラフである．多重グラフとか広義グラフに対しても同形が同様に定義できる．

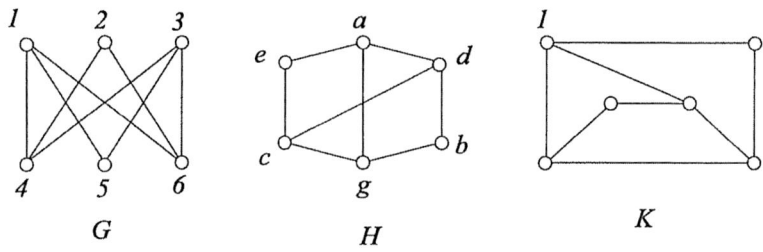

図 **1.10** 3 つの同形なグラフ G, H, K

グラフには，このほかに各辺に向きをつけた**有向グラフ**(directed graph) といわれるものがある．つまり各辺 a には**始点** v と**終点** w が指定されており，始点から終点へ向き (矢印) がつけられている．このような有向辺 a を**弧**(arc) といい，

$$a = (v, w)$$

とかく．ただし，グラフの場合と違い，(w, v) は w から v へ向かう別の弧を表す．有向グラフ D の点集合は $V(D)$，弧集合は $A(D)$ で表す (図 1.11)．有向グラフの各弧から方向をとり，弧を辺とみなすとグラフがえられるが，これを**基礎グラフ**という．有向グラフにおいても，基礎グラフが単純グラフとなるもの，多重グラフになるものなどがある．本書では第 6 章において基礎グラフが多重グラフになるような有向グラフを扱い，ほかでは扱わない．

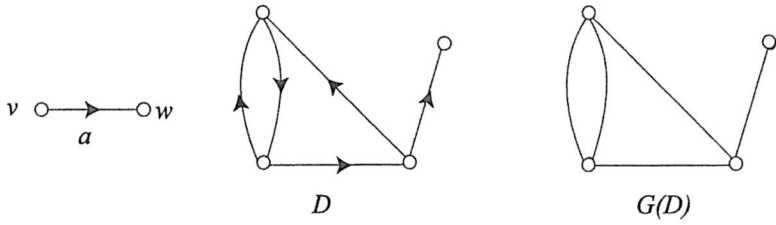

図 1.11 弧 $a = (v, w)$; 有向グラフ D とその基礎グラフ $G(D)$

　ここで集合演算について確認する．2つの集合 X と Y に対し，和集合 $X \cup Y$，共通集合 $X \cap Y$，そして差集合 $X \setminus Y$ などが求められる (図 1.12)．$X \subseteq Y$ とか $Y \supseteq X$ は X が Y の部分集合であることを表しており，$X = Y$ も許す．X が Y の真部分集合 ($X \subseteq Y$, $X \neq Y$) となるときは，$X \subset Y$ とかく．また $Y \subseteq X$ とか $x \in X$ のときには，$\setminus$ の代わりに $-$ を用い，$X \setminus Y$ と $X \setminus \{x\}$ を

$$X - Y, \quad X - x \qquad (Y \subseteq X, \ x \in X \text{ のとき})$$

と簡潔にかくことが多い．また $x \in X$, $y \notin X$ のとき $(X - x) \cup \{y\}$ を

$$X - x + y \qquad (x \in X, \ y \notin X \text{ のとき})$$

とかくこともある．分割と対称差を

$$Z = X \cup Y \text{ と分割} \iff Z = X \cup Y, \ X \cap Y = \emptyset$$

$$X \triangle Y = (X \cup Y) - (X \cap Y)$$

とかき，集合 X に含まれる要素の個数は $|X|$ で表す．

　整数 x, y, m に対して，記号

$$x \equiv y \pmod{m}$$

は $x - y$ が m でわり切れること，つまり x を m でわったあまりと y を m でわったあまりが等しいことを表している．とくに $x \equiv y \pmod{2}$ は，x と y がともに奇数であるか，ともに偶数であることを示している．

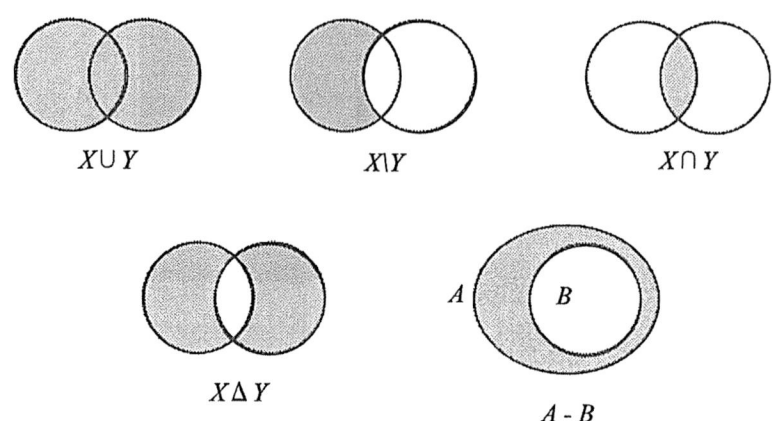

図 1.12 集合 $X \cup Y$, $X \setminus Y$, $X \cap Y$, $X \triangle Y$, $A - B$ ($B \subseteq A$) のとき

問 1.5 位数 4 のグラフは 11 個ある．これらをすべてえがけ．
(ヒント) 同形なグラフは同じとみなして 11 個ある．サイズは 0 から 6 まで考えられる．サイズが 0 なら 4 点だけで辺の無いグラフ，サイズが 6 ならすべての点が辺で結ばれているグラフとなる．ほかの 9 個を求めよ．

問 1.6 (1) 図 1.10 のグラフ K に G の対応する点の記号をかけ．この例では対応は一意的に決まるわけではない．

(2) 図 1.13 の 4 つのグラフのうち同形なものはどれか (2 つの異なるグラフがある)．

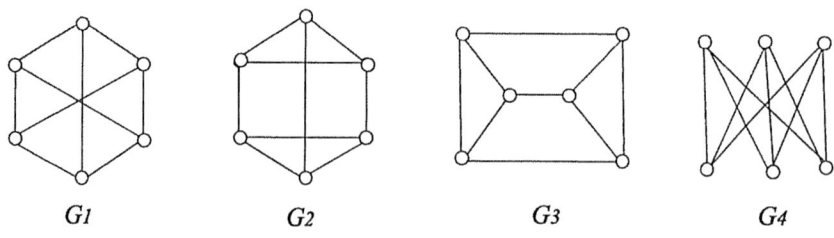

図 1.13 4 つのグラフ G_1, G_2, G_3, G_4

1.3 次数と握手定理

グラフ G の点 v に対して，v と接続する辺の個数を G における v の次数(degree) といい $\deg_G(v)$ で表す．

$$\deg_G(v) = v \text{ の次数} = v \text{ に接続する } G \text{ の辺の個数}$$

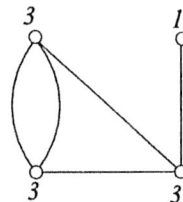 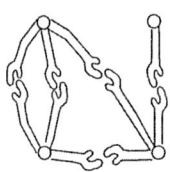

図 **1.14** 握手定理の証明図（各数字は次数を表す）

多重グラフにおいて辺 xy を，点 x と点 y が 1 回握手をしていると解釈する．すると次数の和は握手の手の総数で，これは握手の回数の 2 倍に等しい．もちろん握手の回数は辺の個数，つまりサイズに等しい (図 1.14)．

$$\text{次数の和} = \text{握手の手の総数} = \text{握手の回数の 2 倍} = 2 \times \text{サイズ}$$

よって次数の和はサイズの 2 倍に等しく，次の定理をえる．この定理は多くのグラフ理論の本の最初に書かれている定理であり，グラフ理論の第 1 定理ともよばれている．

定理 1.3.1 (握手定理) 多重グラフ G において，次数の和はサイズの 2 倍に等しい．

$$\sum_{x \in V} \deg_G(x) = 2\|G\|$$

グラフの次数の和を，偶数次数の点の集合 U と奇数次数の点の集合 W に分けて求めれば，握手定理より

$$\sum_{x \in V} \deg_G(x) = \sum_{x \in U} \deg_G(x) + \sum_{x \in W} \deg_G(x) = 2\|G\|$$

$$\sum_{x \in U} \deg_G(x) \equiv 0 \pmod{2}$$

これより

$$\sum_{x \in W} \deg_G(x) \equiv |W| \equiv 0 \pmod{2}$$

となる．つまり次の定理が成り立つ．

定理 1.3.2.　多重グラフ G において，奇数次数の点は偶数個ある．

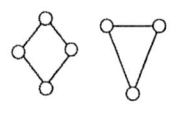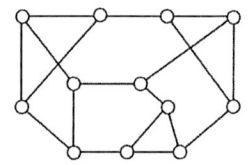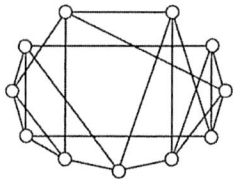

図 1.15　2-正則グラフ，3-正則グラフ，4-正則グラフ

すべての点の次数が定数 r に等しいグラフを r-**正則グラフ**といい，同様に r-正則多重グラフが定義される．

グラフ G の次数の最小値を**最小次数**といい $\delta(G)$ で表す．同様に，次数の最大値を**最大次数**といい $\Delta(G)$ とかく．

$$\text{最小次数} = \delta(G) = \min_{x \in V} \deg_G(x),$$
$$\text{最大次数} = \Delta(G) = \max_{x \in V} \deg_G(x)$$

次数 0 の点を**孤立点**といい，次数 1 の点を**端末点**という．また，端末点に接続する辺を**端末辺**という．図 1.16 のグラフには 1 つの孤立点と 3 つの端末点と 2

1.3 次数と握手定理

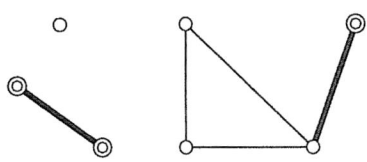

図 1.16　1つの孤立点，3つの端末点=2重○，2本の端末辺 (太線)

つの端末辺がある．

有向グラフおける次数は，点から出る弧と入る弧で区別して定義する．つまり有向グラフ D の点 v における**出次数** $\deg_D^+(v)$ は v から出る弧の個数であり，**入次数** $\deg_D^-(v)$ は v へ入る弧の個数である．

$$\deg_D^+(v) = |\{(v,x) \in A(D) \mid x \in V(D)\}|$$
$$\deg_D^-(v) = |\{(x,v) \in A(D) \mid x \in V(D)\}|$$

そして有向グラフにおける握手定理は次のようになる．

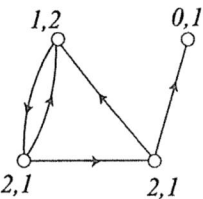

図 1.17　有向グラフにおける出次数と入次数

定理 1.3.3.　有向グラフ D において，出次数の和と入次数の和はともにサイズに等しい．

$$\sum_{x \in V} \deg_D^+(x) = \sum_{x \in V} \deg_D^-(x) = ||D||$$

多重グラフ G において，点 v に隣接する点の集合を v の**近傍**(neighborhood)といい，$N_G(v)$ で表す (図 1.18)．単純グラフにおいては，点 v に接続する辺

と v に隣接する点は1対1に対応するから $\deg_G(v) = |N_G(v)|$ となっている．点部分集合 $S \subseteq V(G)$ に対しても S の近傍を，

$$N_G(S) = \bigcup_{x \in S} N_G(x)$$
$$= \{v \in V(G) \mid v \text{ は } S \text{ のある点と隣接している }\}$$

と定義する．

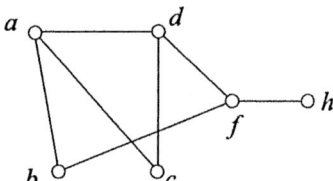

図 1.18　$N_G(a) = \{b, c, d\}$, 　$N_G(\{a, c, f\}) = \{a, b, c, d, h\}$

グラフ G の点の次数を並べた

$$\deg_G(v_1),\ \deg_G(v_2),\ \cdots,\ \deg_G(v_n)$$

はグラフの**次数列**とよばれており，グラフの基本的な構造を反映している．たとえば握手定理 1.3.1 より次数列からサイズが決まる．指定された次数列をもつグラフを構成することはグラフの基本的な構成問題であるが，これは次の定理によって解決される．なお 0 以上の整数を**非負の整数**という．

定理 1.3.4 (Havel, Hakimi)　非負の整数の列 $d_1 \geq d_2 \geq \cdots \geq d_n$ が与えられたとき，これを次数列とするグラフが存在するための必要十分条件は，$k = d_1$ とおくとき

$$d_2 - 1,\ d_3 - 1,\ \cdots,\ d_{k+1} - 1,\ d_{k+2},\ d_{k+3},\ \cdots,\ d_n \tag{1.1}$$

を次数列とするグラフが存在することである．

証明に入る前に例を述べよう．たとえば数列 $(3,3,3,3,3,1)$ を次数列にする位数 6 のグラフの存在と $(2,2,2,3,1)=(3,2,2,2,1)$ を次数列にする位数 5 のグラフの存在とは同値である．これは位数 4 の $(1,1,1,1)$ を次数列にするグラフの存在と同値である．さらにこれは位数 3 の $(0,1,1)$ を次数列にするグラフの存在と同値であり，このようなグラフ G_3 は存在する．

$$(3,3,3,3,3,1) \leftrightarrow (v_1,v_2,v_3,v_4,v_5,v_6) \quad G$$
$$(3,2,2,2,1) \leftrightarrow (v_5,v_2,v_3,v_4,v_6) \quad G_1$$
$$(1,1,1,1) \leftrightarrow (v_2,v_3,v_4,v_6) \quad G_2$$
$$(0,1,1) \leftrightarrow (v_3,v_4,v_6) \quad G_3$$

上の対応に注意すると，G_3 の点集合は $\{v_3,v_4,v_6\}$ で，これに点 v_2 と 1 本の辺を加えて G_2 をつくり，G_2 に点 v_5 と 3 本の辺を加えてグラフ G_1 をつくり，さらに点 v_1 と 3 本の辺を加えて所望のグラフ G をえる (図 1.19)．

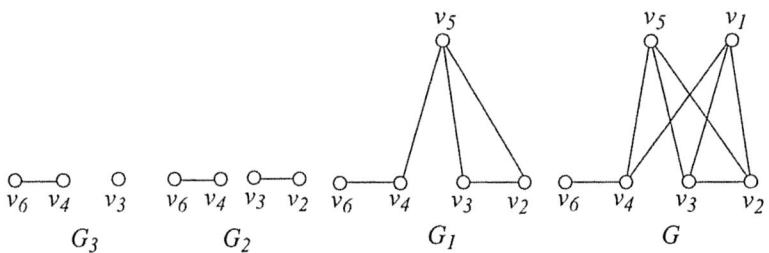

図 1.19　4 つのグラフ G_3, G_2, G_1, G

定理 1.3.4 の証明　まず (1.1) を次数列とするグラフ H が存在すると仮定する．このとき H に新しい点 v を加え，v と H の次数 $d_2-1, \cdots, d_{k+1}-1$ の点を新しい辺で結べば v の次数は $d_1=k$ となり，次数列 $d_1, d_2, \cdots, d_n$ のグラフ G がえられる．

逆に次数列 $d_1, d_2, \cdots, d_n$ のグラフ G が存在すると仮定して，(1.1) を満たすグラフ H が存在することを示す．G の点集合を

$$V(G)=\{v_1,v_2,\cdots,v_n\}, \qquad \deg_G(v_i)=d_i \quad (1\leq i\leq n)$$

とし，$k = d_1$ とおく．もし $N_G(v_1) = \{v_2, v_3, \cdots, v_{k+1}\}$ なら，G から点 v_1 とこれに接続する k 本の辺を除去したグラフを H とおけば，H の次数列は (1.1) となる (図 1.20 左)．よって $N_G(v_1) \neq \{v_2, v_3, \cdots, v_{k+1}\}$ と仮定してよい．このとき

$$v_s \in \{v_2, v_3, \cdots, v_{k+1}\} \setminus N_G(v_1), \quad v_t \in N_G(v_1) \setminus \{v_2, v_3, \cdots, v_{k+1}\}$$

となる 2 点 v_s と v_t ($2 \leq s \leq k+1 < t$) が存在する (図 1.20 右)．

$$\deg_G(v_s) \geq \deg_G(v_t) \quad \text{と} \quad v_1 \notin N_G(v_s) \quad \text{と} \quad v_1 \in N_G(v_t)$$

より，$v_j \in N_G(v_s) \setminus N_G(v_t)$ となる点 v_j がある (図 1.20)．

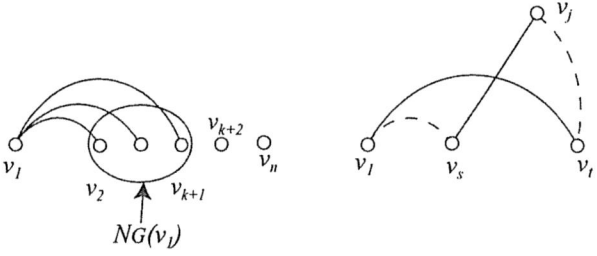

図 1.20　$N_G(v_1) = \{v_2, v_3, \cdots, v_{k+1}\}$；$v_s$ と v_t

グラフ $K = G - v_s v_j - v_1 v_t + v_1 v_s + v_t v_j$ をつくると，すべての点の K における次数と G における次数は等しく，また $N_K(v_1)$ には v_s が含まれるので

$$N_K(v_1) \cap \{v_2, v_3, \cdots, v_{k+1}\} = (N_G(v_1) \cap \{v_2, v_3, \cdots, v_{k+1}\}) \cup \{v_s\}$$

となる．よってこの操作を繰り返していけば，すべての点の次数が G と同じで，v_1 の近傍が $\{v_2, v_3, \cdots, v_{k+1}\}$ となるグラフ G' がえられる．G' に対して初めに述べた操作をすれば (1.1) を満たすグラフ H がえられる．　□

次数列に関しては次のような定理も知られている．

定理 1.3.5. 非負の整数の列 $d_1 \geq d_2 \geq \cdots \geq d_n$ が与えられたとき，これを次数列とするグラフが存在するための必要十分条件は，$d_1 + d_2 + \cdots + d_n$ が偶数でかつ任意の整数 k, $1 \leq k \leq n-1$, に対して

$$\sum_{i=1}^{k} d_i \leq k(k-1) + \sum_{i=k+1}^{n} \min\{k, d_i\}$$

が成り立つことである．

問 1.7 位数 n の 3-正則グラフのサイズは $\frac{3n}{2}$ となることを示せ．一般に r-正則多重グラフ G のサイズは $r|G|/2$ となることを示せ．

問 1.8 図 1.18(p.16) のグラフ G の最小次数 $\delta(G)$, 最大次数 $\Delta(G)$, 端末点，端末辺をいえ．

問 1.9 次数列 $(3,3,3,2,2)$ のグラフは存在するか．また次数列 $(3,3,3,2,1)$, $(4,4,3,2,1)$ のグラフはどうか．存在するならグラフをえがき，存在しないならその理由を述べよ．
(ヒント) 定理 1.3.2(p.14) を使ってもよい．

1.4 各種グラフとグラフの演算

ここでは基本的なグラフの系列とか既知のグラフから新しいグラフをつくる方法，グラフの演算について述べる．

すべての 2 点が辺で結ばれているグラフを**完全グラフ**(complete graph) といい，位数 n の完全グラフを K_n とかく．もちろんサイズは $\|K_n\| = \frac{1}{2}n(n-1)$ である．点集合が $X \cup Y$ と分割され，X のすべての点と Y のすべての点が辺で結ばれており，これ以外には辺のないグラフを**完全 2 部グラフ**といい，$|X| = n$, $|Y| = m$ のとき $K_{n,m}$ とか $K(n,m)$ とかく．明らかに $|K_{n,m}| = n + m$, $\|K_{n,m}\| = nm$ である．同様に点集合が $X_1 \cup X_2 \cup \cdots \cup X_n$ と分割され，すべての異なる i と j に対して，X_i の任意の点と X_j の任意の点が辺で結ばれているグラフを**完全 n 部グラフ**といい，$K(m_1, m_2, \cdots, m_n)$ とかく．ただし各 i

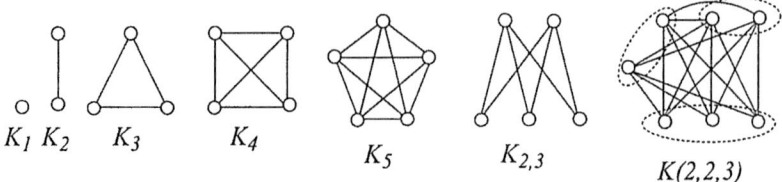

図 1.21 K_1, K_2, K_3, K_4, K_5, $K_{2,3}$, $K(2,2,3)$,

に対して $|X_i| = m_i$ である (図 1.21).

 グラフ G の点集合 $V(G)$ を適当な 2 つの部分集合 X と Y に分割し，G のすべての辺が X の点と Y の点を結ぶようにできるとき，G を $X \cup Y$ を部集合とする **2 部グラフ** (bipartie graph) という (図 1.22). つまり完全 2 部グラフの部分グラフとなるグラフを 2 部グラフという. なお, 多重辺の許された **2 部多重グラフ**を考えることもある.

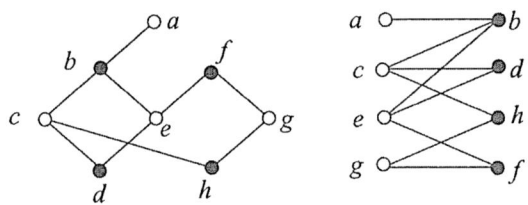

図 1.22 2 部グラフ

 グラフ G の点集合が $X_1 \cup X_2 \cup \cdots \cup X_n$ と分割され，任意の辺は異なる 2 つの部集合 X_i の点と X_j の点を結んでいるようになるとき, G を **n 部グラフ**という.

 点集合 $\{v_1, v_2, \cdots, v_n\}$ と辺集合 $\{v_1v_2, v_2v_3, \cdots, v_{n-1}v_n\}$ からなる位数 n のグラフを長さ $n-1$ の**道**(path) といい, P_n とかく. この道 P_n に辺 v_nv_1 を加えたグラフを長さ n の**閉路**(cycle) といい C_n で表す (図 1.23). 明らかに $P_2 = K_2$, $C_3 = K_3$, $C_4 = K_{2,2}$ である.

 点を共有しない 2 つのグラフは**素**であるという. 2 つの素なグラフ G と H に対して，**和** $G \cup H$ は $V(G \cup H) = V(G) \cup V(H)$, $E(G \cup H) = E(G) \cup E(H)$

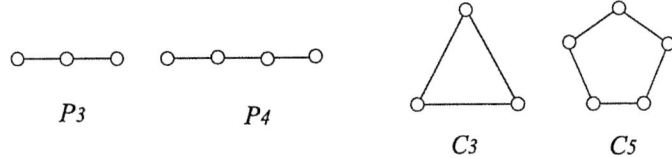

図 1.23 P_3, P_4, C_3, C_5

となるグラフである．結び $G+H$ は，

$$V(G+H) = V(G) \cup V(H)$$
$$E(G+H) = V(G) \cup V(H) \cup \{xy \mid x \in V(G), y \in V(H)\}$$

で定義される (図 1.24)．積 $G \times H$ は

$$V(G \times H) = \{(x,y) \mid x \in V(G), y \in V(H)\}$$

であり，2 点 (x_1, y_1) と (x_2, y_2) が隣接するのは

$$x_1 = x_2 \text{ かつ } y_1 y_2 \in E(H) \quad \text{または} \quad x_1 x_2 \in E(G) \text{ かつ } y_1 = y_2$$

が成り立つときに限る (図 1.24)．

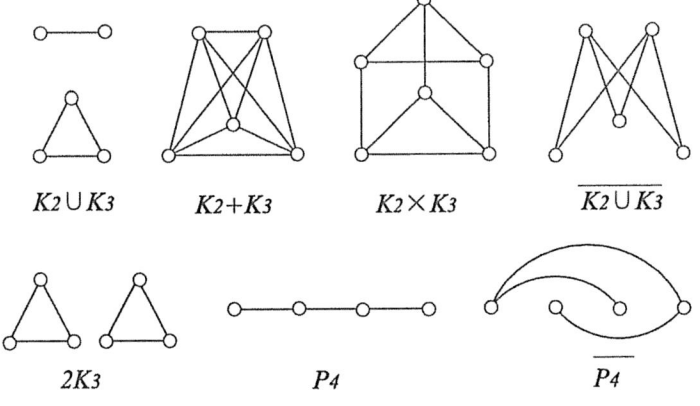

図 1.24 $K_2 \cup K_3$, $K_2 + K_3$, $2K_3$, $K_2 \times K_3$, $\overline{K_2 \cup K_3}$, $\overline{P_4} = P_4$

グラフ G に対して，互いに素な G のコピーをいくつか準備し，$2G = G \cup G$，$3G = G \cup G \cup G$ のように G の和を定義する．グラフ G の**補グラフ** $\overline{G}$ は，$V(G)$ を点集合とし，G において隣接していない 2 点だけを辺で結んでできるグラフである．したがって G と $\overline{G}$ は逆隣接関係のグラフで，2 つを合わせると完全グラフがえられる．

$$xy \text{ は } G \text{ の辺でない} \iff xy \text{ は } \overline{G} \text{ の辺である}$$

これらの定義から，次のような関係がえられる．

$$nK_1 = \overline{K_n}, \qquad K_{n,m} = nK_1 + mK_1, \qquad \overline{K_{n,m}} = K_n \cup K_m, \qquad \overline{P_4} \cong P_4$$

グラフ G の**部分グラフ**とは，$V(H) \subseteq V(G)$，$E(H) \subseteq E(G)$ となるグラフ H のことである．もし $V(H) = V(G)$ となっていれば，H を G の**全域部分グラフ**(spanning subgraph) という (図 1.25)．したがって G の全域部分グラフは，G からいくつかの辺を除去してえられる部分グラフともいえる．

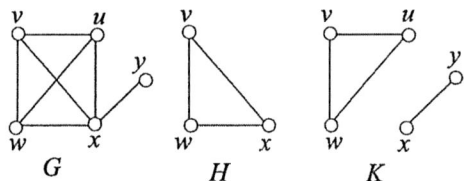

図 1.25　グラフ G の部分グラフ H と全域部分グラフ K

グラフ G の点部分集合 W に対して，G から W のすべての点と，W の点に接続するすべての辺を除去してえられる G の部分グラフを $G - W$ で表す (図 1.26)．同様に，G から辺部分集合 A に含まれるすべての辺を除去してえられる部分グラフを $G - A$ とかく (図 1.26)．

G の点部分集合 W に対して，W を点集合とし，W の 2 点を結ぶ G の辺の全体を辺集合とする部分グラフを W から**誘導された部分グラフ**といい，$\langle W \rangle_G$ とかく (図 1.27)．

$$V(\langle W \rangle_G) = W, \qquad E(\langle W \rangle_G) = \{xy \in E(G) \mid x, y \in W\}$$

1.4 各種グラフとグラフの演算

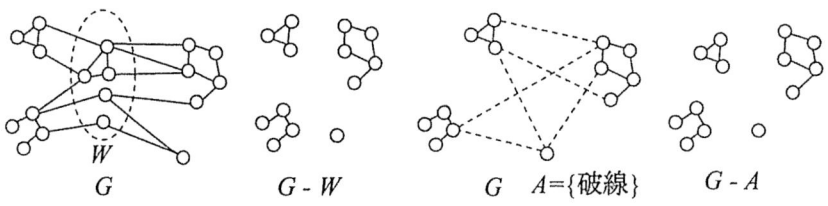

図 1.26　グラフ G と $G-W$；グラフ G と $G-A$

　もし G の部分グラフ H がある点部分集合から誘導された部分グラフになっていれば，H を G の**誘導部分グラフ**ともいう．G の辺部分集合 A に対して，A を辺集合とし，A の辺と接続する G の点の全体を点集合とする部分グラフを A から**誘導された部分グラフ**といい，普通は簡単にそのまま A で表し，紛らわしい場合には $\langle A \rangle_G$ とかく．よって

$$G - W = \langle V(G) - W \rangle_G$$
$$V(G - A) = V(G), \qquad E(G - A) = E(G) - A$$

ともかける．1個の点 $\{v\}$ とか1本の辺 $\{e\}$ を除去するときには，$G - \{v\}$ とか $G - \{e\}$ の代わりに簡単に $G - v$ とか $G - e$ とかく．

　$G - v = G$ から点 v と v に接続する辺を除去してえられるグラフ

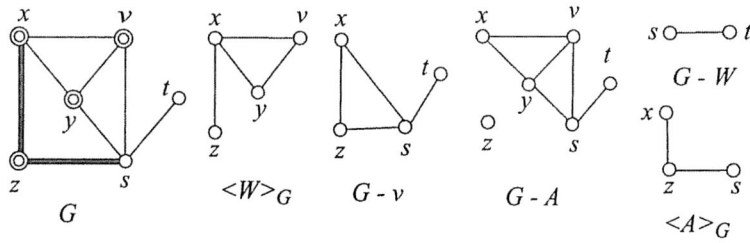

図 1.27　$W = \{v, x, y, z\}$, $A = \{$太線$\}$ と $\langle W \rangle_G$, $G-v$, $G-W$, $G-A$, $A = \langle A \rangle_G$

　グラフ G の2つの部分グラフ H と K に対して，**共通部分グラフ** $H \cap K$ は点

集合 $V(H)\cap V(K)$, 辺集合 $E(H)\cap E(K)$ のグラフを表す. 一方, G の 2 つの辺集合 A と B に対しては, これらを部分グラフとみなしたときも $A\cap B$ はそのまま $A\cap B$ から誘導される部分グラフを表す. つまり $A\cap B = \langle A\cap B\rangle_G$ である.

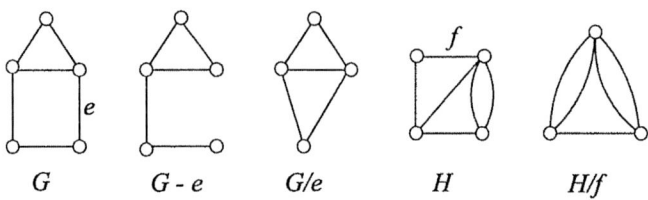

図 **1.28** グラフ G と $G-e$ と G/e, 多重グラフ H と H/f

グラフ G とその辺 $e=xy$ に対して, e の両端点 x と点 y を重ねて 1 点とし, さらに辺 e を除去してえられたグラフを G/e とかき, この操作を e による縮約という (図 1.28). なお, G がグラフであっても G/e には多重辺が生じることがある.

問 1.10 K_6, $3K_3$, $K_{1,3}$, $K(2,5)$, $\overline{K_{1,3}}$, $\overline{K(2,5)}$, P_3+K_1, P_4+C_3 をえがけ.

問 1.11 図 1.29 のグラフ G に対して, $G-x$, $G-\{x,y\}$, $G-e$, $G-\{e,f\}$, $\langle\{u,v,x,y\}\rangle_G$, G/e, $G/\{e,f\} = (G/e)/f$ をかけ.

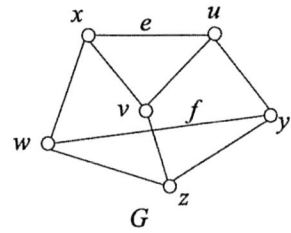

図 **1.29** グラフ G

これまでに紹介しなかった重要なグラフをいくつか述べる．図 1.30 のグラフはペテルセングラフ(Petersen graph) とよばれており，これは 1 つの特殊なグラフであるが，ある条件は満たすが希望の性質をもたない例外的なグラフとしてよく現れる．

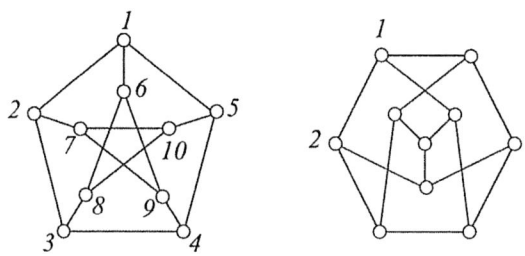

図 1.30　ペテルセングラフの 2 つの表示

立方体グラフ(cube) Q_n は一般の $n \geq 4$ に対しても定義できるが，それらについては 7 章で詳しく述べる．車輪グラフ(wheel)W_n は本書ではほとんど扱わないが，連結性において重要なグラフである．

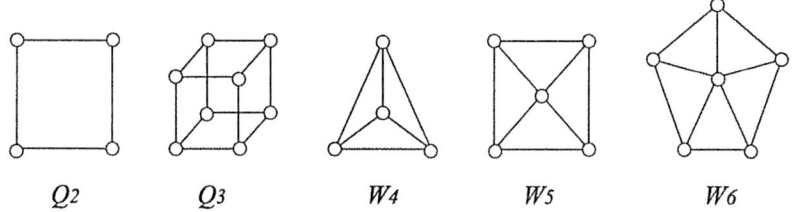

図 1.31　立方体グラフ Q_2, Q_3；車輪グラフ W_4, W_5, W_6

問 1.12　図 1.30 の 2 つのペテルセングラフの点に，同形対応で対応する点は同じ番号になるように $1, 2, \cdots, 10$ の番号を書け．同形対応は 1 つではないが，どの同形対応でもよい．

最後に 2 部グラフの次数列に関する定理を紹介する．$A \cup B$ を部集合とする 2 部グラフ G の次数列を $\{\deg_G(x) \mid x \in A\} \cup \{\deg_G(x) \mid x \in B\}$ とかく．

定理 1.4.1. 非負の整数の列 $\{d_1 \geq d_2 \geq \cdots \geq d_n\} \cup \{f_1 \geq f_2 \geq \cdots \geq f_m\}$ が与えられたとき，これを次数列とする 2 部グラフが存在するための必要十分条件は，$d_1 = k$ とおくとき

$$\{d_2, \cdots, d_n\} \cup \{f_1 - 1, f_2 - 1, \cdots, f_k - 1, f_{k+1}, \cdots, f_m\} \quad (1.2)$$

を次数列とする 2 部グラフが存在することである．

たとえば，$\{3, 2, 1\} \cup \{2, 2, 1, 1\}$ を次数列にする 2 部グラフの存在と，$\{2, 1\} \cup \{1, 1, 0, 1\} = \{2, 1\} \cup \{1, 1, 1, 0\}$ を次数列にする 2 部グラフの存在は同値である．またこれは $\{1\} \cup \{0, 0, 1, 0\} = \{1\} \cup \{1, 0, 0, 0\}$ を次数列とする 2 部グラフの存在と同値であり，これは明らかに $K_2 \cup 3K_1$ の次数列である．以下 $K_2 \cup 3K_1$ から図 1.32 のように逆にたどって元の $\{3, 2, 1\} \cup \{2, 2, 1, 1\}$ を次数列とする 2 部グラフが構成できる．

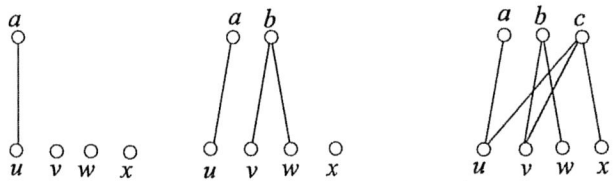

図 1.32　$\{3, 2, 1\} \cup \{2, 2, 1, 1\}$ を次数列にする 2 部グラフ

1.5　グラフのコンピュータ表現

コンピュータを用いてグラフのさまざまな計算とか処理をするためには，コンピュータに向いたグラフの表現方法が必要になる．例を用いて代表的な方法を説明する．

位数 n のグラフを G とし，その点集合を $V(G) = \{v_1, v_2, \cdots, v_n\}$ とするとき，$n \times n$ 行列 $A = (a_{ij})$ を

1.5 グラフのコンピュータ表現

$$a_{ij} = \begin{cases} 1 & v_i \text{ と } v_j \text{ が隣接しているとき} \\ 0 & \text{そのほか} \end{cases}$$

と定義する (図 1.34)．この行列は**隣接行列** (adjacency matrix) とよばれており，辺の個数の多いグラフとか，位数が比較的小さいグラフの処理に向いている．辺の除去とか辺の追加によってえられるグラフの隣接行列も容易に求めることができる．反面多くの場合ほとんどの成分が 0 でありむだがある．

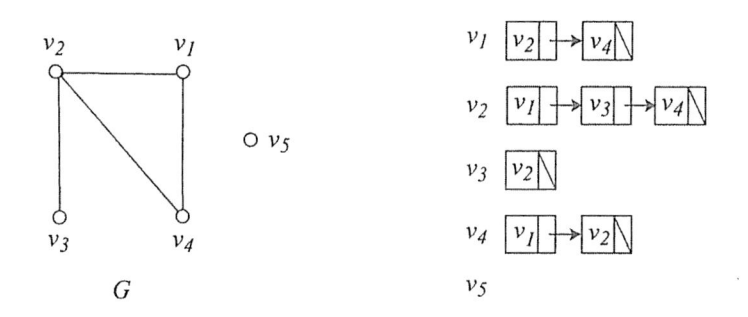

図 1.33 グラフ G と隣接リスト

$$A = \begin{array}{c} \\ v_1 \\ v_2 \\ v_3 \\ v_4 \\ v_5 \end{array} \begin{pmatrix} v_1 & v_2 & v_3 & v_4 & v_5 \\ 0 & 1 & 0 & 1 & 0 \\ 1 & 0 & 1 & 1 & 0 \\ 0 & 1 & 0 & 0 & 0 \\ 1 & 1 & 0 & 0 & 0 \\ 0 & 0 & 0 & 0 & 0 \end{pmatrix} \qquad N = \begin{pmatrix} v_2 & v_4 & 0 \\ v_1 & v_3 & v_4 \\ v_2 & 0 & 0 \\ v_1 & v_2 & 0 \\ 0 & 0 & 0 \end{pmatrix}$$

図 1.34 グラフ G の隣接行列 A と近傍行列 N

正則グラフとか，最大次数と最小次数の差の少ないグラフに対しては，

$$\text{行列 } N \text{ の } i \text{ 行} = \text{点 } v_i \text{ の近傍}$$

として表すこともできる (図 1.34)．さらに，この行列表現をむだがないようにうまく表現したものに**隣接リスト**とか**隣接リスト表**がある．ここでは隣接リス

ト表についてのみ説明する．

図 1.33 のグラフにおいて，点 v_2 に隣接する点は $\{v_1, v_3, v_4\}$ である．これは図 1.35 の左の点表より v_2 の 3 をみて，右の辺表の 3 列から v_1 と次の数 4 をみる．次に 4 列から v_3 と 5 をみて，さらに 5 列から v_5 と 0 をみる．すると数が 0 になっており，これで探索は終わる．よって v_2 に隣接する点が v_1, v_3, v_5 であることがわかる．点 v_5 の数字は 0 であるが，これは v_5 に隣接する点がないことを示している．このほかに，同じ辺が辺表には 2 回現れるが，この列番号の対応表などもつくっておくと便利なことがある．

当然のことながら，コンピュータのメモリー容量，扱うグラフの大きさ，処理の複雑さ，プログラムのつくりやすさなどから適当な表現を使えばよいし，いくつかの表現を併用してもよい．

v_1	v_2	v_3	v_4	v_5
1	3	6	7	0

1	2	3	4	5	6	7	8
v_2	v_4	v_1	v_3	v_4	v_2	v_1	v_2
2	0	4	5	0	0	8	0

図 1.35 隣接リストの点表と辺表

グラフでは各辺 e に重み $w(e)$ のついた重みつきグラフを考えることもよくある．これは隣接行列 $A(a_{ij})$ を

$$a_{ij} = \begin{cases} w(v_i v_j) & v_i \text{ と } v_j \text{ が隣接しているとき} \\ 0 & \text{そのほか} \end{cases}$$

のように，隣接行列の成分を辺の重みにして表すことができる (図 1.36)．また，隣接行列とか隣接リスト表現のほかに，辺と重みの表を加えてもよい．

問 1.13 図 1.37 のグラフ G の隣接行列，隣接リストの点表と辺表をかけ．

問 1.14 図 1.37 の重みつきグラフ H の隣接行列，隣接リストの点表と辺表と辺の重みの表をかけ．

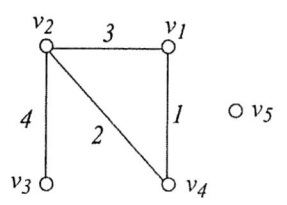

$$A = \begin{pmatrix} 0 & 3 & 0 & 1 & 0 \\ 3 & 0 & 4 & 2 & 0 \\ 0 & 4 & 0 & 0 & 0 \\ 1 & 2 & 0 & 0 & 0 \\ 0 & 0 & 0 & 0 & 0 \end{pmatrix}$$

図 1.36 重みつきグラフとその隣接行列

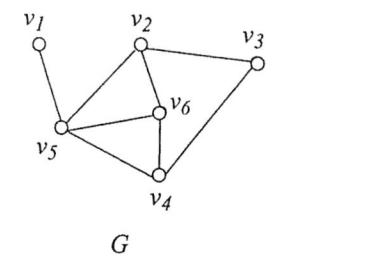

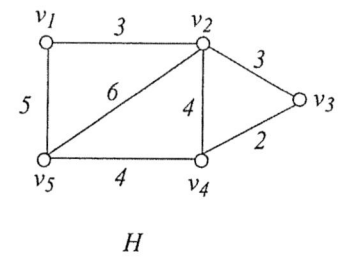

図 1.37 グラフ G と重みつきグラフ H

1.6 演 習 問 題

問題 1.1 (1) パーティの参加者のなかから勝手に $n \geq 2$ 人を選ぶ．するとこの n 人のなかには，この n 人のなかにいる知人の数が同数となる 2 人がいることを示せ．

(2) パーティの参加者のなかから勝手に 6 人を選ぶ．するとこのなかには「互いに知人である 3 人」か，または「互いに知らない 3 人」のいずれかの 3 人が必ずいることを示せ．もちろん両方の 3 人がいることもある．

(3) 「互いに知人である 3 人」も「互いに知らない 3 人」もいない 5 人がいる．この知り合いの関係図をえがけ．

(ヒント) (1) 各人の知人の数は $n-1$ 人以下である．知人が 0 人のひとがいる場合といない場合に分けて考えよ．(2) 6 人を 6 点で表し，知り合いの 2 人を赤線で結び，知り合いでない 2 人を青線で結んでグラフをつくる．すると任意の 2 人は赤線または青線で結ばれ，互いに知り合いの 3 人は赤線の 3 角形に対応し，互いに知らない 3 人は青線の 3 角形に対応している．したがってこのグラフには常に赤線の 3 角形か，または青線の 3 角形が存在することを示せばよい．点から 3 本の線 (赤線または青線) が出ていることから，赤線の 3 角形または青線の 3 角形があることを示せ．(3) 赤線の 3 角形も青線の 3 角形も存在しない 5 点のグラフをえがけ．

問題 1.2 図 1.38 の上下 2 組のサイコロを，4 つの柱面に 4 色が現れるようにグラフを利用して積み上げよ．

問題 1.3 (1) 位数 6 の正則グラフを全部えがけ．

(2) 位数 7 の正則グラフを全部えがけ．

(ヒント) (1) K_6 と $\overline{K_6}$ を除いて 6 個ある．4-正則グラフの補グラフは 2-正則グラフであることを利用して 4-正則グラフを決めよ．また，2-正則グラフと 3-正則グラフはそれぞれ 2 個ずつある．(2) K_7 と $\overline{K_7}$ を除いて 4 個ある．

問題 1.4 (1) 位数 8 の 3-正則グラフを 4 つえがけ．

(2) 任意の偶数 $m \geq 8$ に対して，位数 m の連結な 3-正則グラフが存在する

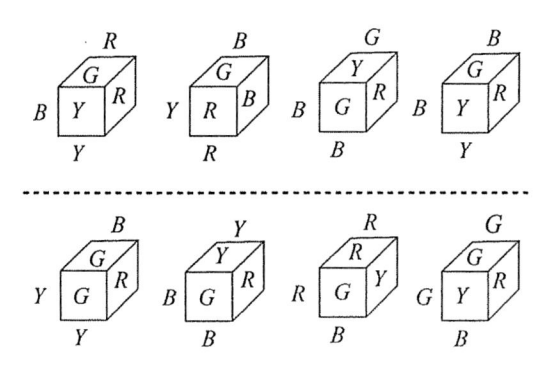

図 1.38 4個のサイコロ

ことを示せ．またある程度大きい偶数 n に対しては，位数 n の 3-正則グラフが
たくさん存在することを示せ．

(3) 位数 15 の 3-正則グラフは存在しない．その理由をいえ．

(4) 任意の整数 $n \geq 5$ に対して，位数 n の 4-正則グラフが存在することを示
せ．次にある程度大きい整数 n に対しては，位数 n の 4-正則グラフがたくさん
存在することを示せ．

（ヒント）ひとつの方法として，位数 $2k$ の 3-正則グラフから位数 $2k+2$ の
3-正則グラフをたくさんつくる方法を示せ．たとえば位数 $2k$ の 3-正則グラフ
から 2 辺を取って (2 つの 3-正則グラフから 1 辺ずつ取ってもよい)，それらに
新しい点を入れ，これらを新しい辺で結べ．また位数 $2k$ の 3-正則グラフの各
点に辺を 1 本ずつ加えて各点の次数を 4 にすると，位数 $2k$ の 4-正則グラフが
えられる．別の方法としてまず点を n 個おき，これを点集合とする 2-正則グラ
フを 2 つえがいて重ねよ．

問題 1.5 有向グラフにおける次数和に関する定理 1.3.3(p.15) が成り立つこ
とを説明せよ．

問題 1.6 次数列 $(5,4,4,3,3,3,2,2)$ のグラフは存在するか．また次数列
$(6,6,5,5,5,2,2,1)$, $(6,5,5,4,4,4,1,1)$ のグラフはどうか．存在するならグラ
フをえがき，存在しないならその理由を述べよ．

問題 1.7 図 1.39 の 3 つの 3-正則グラフのうち同形なものはどれか．同形な

グラフについては同形対応を 1 つ示せ．

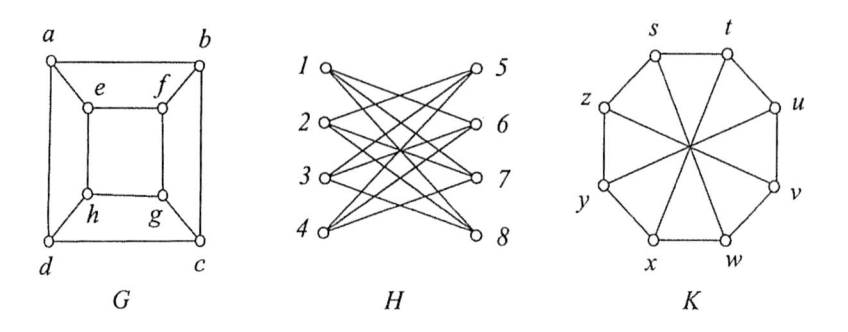

図 1.39 3 つの 3-正則グラフ G, H, K

問題 1.8 グラフ G の点集合を $V(G) = \{v_1, v_2, \cdots, v_n\}$ とし，隣接行列を $A = (a_{ij})$ とおく．すると

(1) $A^2 = (b_{ij})$ とおくとき，b_{ii} は点 v_i の次数に等しいことを示せ．

(2) $A^k = (m_{ij})$ とおくと，m_{ij} は点 v_i と点 v_j を結ぶ長さ k の歩道の個数に等しいことを k に関する帰納法を用いて示せ．なお，これを利用して，$A^3 = (c_{ij})$ とおくと，$c_{11} + c_{22} + \cdots + c_{nn}$ は G の 3 角形の個数の 6 倍に等しくなることも知られている．

問題 1.9 集合 $\{1, 2, 3, 4, 5\}$ から 2 点の組 $\{\{1, 2\}, \{1, 3\}, \cdots, \{4, 5\}\}$ をつくり，これを点集合とするグラフを次のように定義する．2 つの組 $\{i, j\}$ と $\{k, \ell\}$ は $\{i, j\} \cap \{k, \ell\} = \emptyset$ のときに限り辺で結ぶ．するとこのグラフはペテルセングラフになることを示せ．

問題 1.10 $Q_2 = K_2 \times K_2$, $Q_3 = Q_2 \times K_2$ であることを確かめよ．

（ヒント）$V(K_2) = \{0, 1\}$, $E(K_2) = \{01\}$ とおく．すると $V(Q_2) = V(K_2 \times K_2) = \{(0, 0), (0, 1), (1, 0), (1, 1)\}$ となる．また $V(Q_3) = V(Q_2 \times K_2) = \{(0, 0, 0), (0, 1, 0), (1, 0, 0), (1, 1, 0), (0, 0, 1), (0, 1, 1), (1, 0, 1), (1, 1, 1)\}$ となる．

2

最短経路と周遊問題

2.1 小道,道,回路,閉路,成分

グラフの 2 点 x と y を結ぶ**歩道**(walk) とは,$x = v_0$ から $y = v_n$ へ至る隣接する点とそれらを結ぶ辺の列

$$(x = v_0, e_1, v_1, e_2, v_2, \cdots, e_n, v_n = y) \qquad (\text{辺 } e_i = v_{i-1}v_i,\ 1 \leq i \leq n)$$

である.詳しくはこれを,x を始点とし y を終点とする**歩道**(walk) といい,簡単に **x-y 歩道**とよぶことも多い.歩道には同じ点,同じ辺が何回現われてもよく,現われる辺の個数を歩道の**長さ**という.一方,同じ辺はたかだか 1 回しか現われない歩道を**小道**(trail) といい,同じ点はたかだか 1 回しか現われない歩道を**道**(path) という.すぐにわかるように,道は小道であるし,小道は必ずしも道ではない.なお,歩道とか小道は辺の列 $(e_1 e_2 \cdots e_n)$ で表し,道は点の列 $(v_1 v_2 \cdots v_n)$ で表すことが多い (図 2.1).

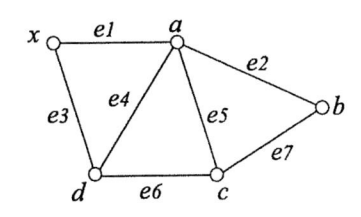

図 2.1 歩道 ($e_3 e_4 e_1 e_3 e_6 e_5 e_2 e_7 e_6 e_6 e_5$),小道 ($e_1 e_5 e_7 e_2 e_4 e_6$),道 ($xadc$),回路 ($e_1 e_2 e_7 e_5 e_4 e_3$),閉路 ($axdca$)

始点と終点が一致する特別な歩道も考えられるが，これを**閉じた歩道**という．閉じた歩道では，始点とか終点に相当する点がなくすべての点が対等であるが，表記すれば始点と終点とみなされる点が出る．閉じた小道を**回路**(circuit) といい，閉じた道を**閉路**(cycle) という (図 2.1)．したがって回路は同じ辺をたかだか 1 回しか通らず，閉路は同じ点をたかだか 1 回しか通らない．なお，多重グラフにおいては長さ 2 の閉路もあり，単純グラフにおいては閉路の長さは 3 以上である．

グラフ G の任意の 2 点 x, y に対して，x と y を結ぶ道があるとき G は**連結**(connected) であるという．連結でないグラフはいくつかの極大な連結部分グラフに分割されるが，これらを G の**成分**(component) という (図 2.2)．

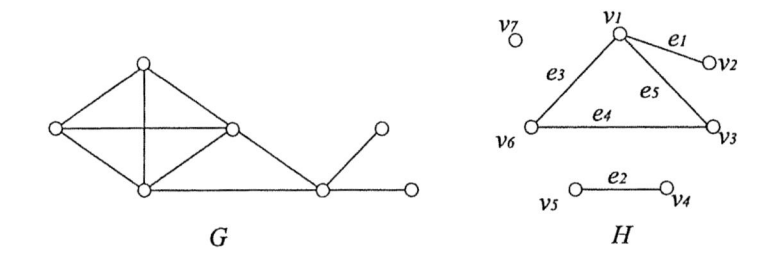

図 2.2　連結なグラフ G と 3 個の成分からなる非連結グラフ H

アルゴリズム 2.1.1 (グラフの連結性の判定と成分分解)　グラフ G の点集合を $V(G) = \{v_1, v_2, \cdots, v_n\}$，辺集合を $E(G) = \{e_1, e_2, \cdots, e_m\}$ とする．辺がない状態では，グラフは

$$\{v_1\} \cup \{v_2\} \cup \cdots \cup \{v_n\}$$

と成分に分かれている．これに辺 e_1 を加えると e_1 の両端点が同じ成分に含まれるので，この 2 点を 1 つにまとめる．以下同様に辺 e_k まで処理したとき，つまり点集合 $V(G)$，辺集合 $\{e_1, e_2, \cdots, e_k\}$ のグラフの成分の点集合を

$$U_1 \cup U_2 \cup \cdots \cup U_r$$

とする．これに辺 e_{k+1} を加える．もし e_{k+1} の両端点が異なる U_i と U_j に含

まれていれば，U_i と U_j を合わせて 1 つにし，もし同じ成分に含まれていればそのままにしておく．この操作を最後の辺 e_m まで行えば G の成分の点集合がえられる．もちろん 1 つの点集合になれば G は連結である．

たとえば図 2.2 のグラフ H に適用すると
$$\{v_1\} \cup \{v_2\} \cup \{v_3\} \cup \{v_4\} \cup \{v_5\} \cup \{v_6\} \cup \{v_7\}$$
から始まり，順に辺 e_1, e_2, e_3 を処理して
$$\{v_1, v_2\} \cup \{v_3\} \cup \{v_4\} \cup \{v_5\} \cup \{v_6\} \cup \{v_7\},$$
$$\{v_1, v_2\} \cup \{v_3\} \cup \{v_4, v_5\} \cup \{v_6\} \cup \{v_7\}$$
$$\{v_1, v_2, v_6\} \cup \{v_3\} \cup \{v_4, v_5\} \cup \{v_7\}$$
となり，最後には
$$\{v_1, v_2, v_6, v_3\} \cup \{v_4, v_5\} \cup \{v_7\}$$
となる．これで H の成分の点集合がえられている．

2.2　グラフの連結度と辺連結度

本章の主題に入る前に，グラフの連結性についていくつか定義を述べる．グラフが連結か非連結かどうかの判定は最初にやるべきことであり，またその簡単なアルゴリズムも上で述べた．しかし，連結なグラフをさらにその全体的なつながりの強さにより識別することは，それほど簡単ではない．つまり唯一絶対的な方法はなく，いくつかの方法が考えられる．しかもそれらの良否の評価もむずかしい．

ここではグラフ理論の開拓期にすでに定式化され，またさまざまな状況からグラフのつながり強さを測るもっとも基本的な方法である連結度と辺連結度について簡単に述べる．

連結なグラフ G からある 1 点 v とそれに接続する辺を同時に除去したグラフを $G-v$ で表す (図 2.3)．2 つの連結なグラフ H と K がある．もし H の任意の点 x に対して $H-x$ が連結であり，一方 K はある点 y に対して $K-y$ が非連結になっていれば，H の全体的なつながりが K のそれより強いと判断し

てよかろう．このようなとき H は 2-連結であるといい，K は 2-連結でないという (図 2.3)．また点 y のように，その点を除去するとグラフが非連結になるような点を**切断点**(cut-vertex) とよぶ．

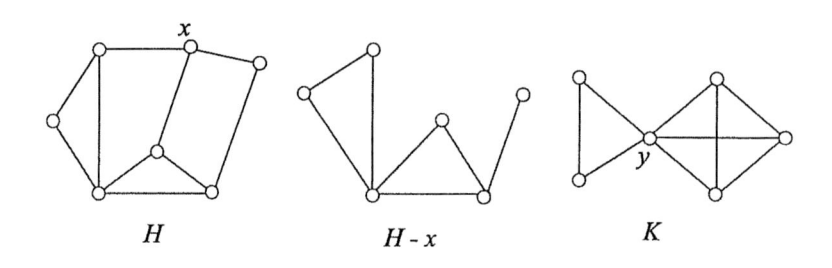

図 2.3 2-連結グラフ H, $H-x$, 2-連結でない連結グラフ K, y は切断点

今は 1 点の除去でつながり強さを判定したが，これを複数個の点に拡張すればより精密なつながり強さが評価できる．つまり

G は k-連結である

$\Leftrightarrow G$ から任意の $k-1$ 個の点を除去しても残りは連結

$\Leftrightarrow G - X$ は連結 $(X \subset V(G),\ |X| = k-1)$

グラフ G の**連結度** $\kappa(G)$ は次のように定義される．

$$\kappa(G) = \max\{\ k \mid G \text{ は } k\text{-連結である}\ \}$$
$$= \min\{\ |X|\ \mid\ X \subset V(G),\ G - X \text{ は非連結}\ \}$$

しかし，このままでは完全グラフ K_m の連結度が定義できないので，完全グラフについては $\kappa(K_m) = m-1$ と例外的に定義する．また，連結性の議論では完全グラフが例外的なグラフとなることがしばしばあり，完全グラフを除いて考えることも多い．

図 2.4 の 3-連結グラフ G において，任意の 2 点 x,y に対して $G - \{x,y\}$ は連結であるが，$G - \{a,b,c\}$ とか $G - \{a,b,d\}$ は非連結になっている．よって $\kappa(G) = 3$ である．

2.2 グラフの連結度と辺連結度

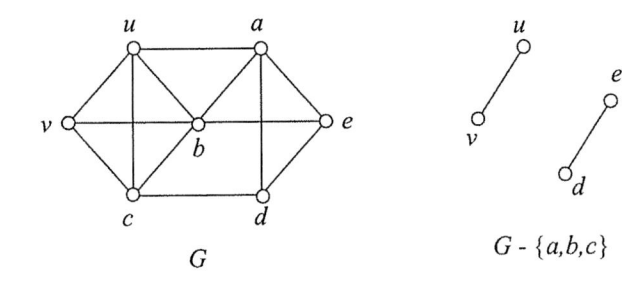

図 2.4 3-連結グラフ G と $G - \{a, b, c\}$

点に着目してつながりの強さを測ったものが連結度であったが，同じ議論を辺ですることも可能である．なお，辺連結度は多重グラフにおいて考えることも多いので，グラフ G は多重グラフとする．

G は k-辺連結である

$\Leftrightarrow G$ から任意の $k - 1$ の辺を除去しても残りは連結

$\Leftrightarrow G - X$ は連結　　$(X \subset E(G), |X| = k - 1)$

となり，G の辺連結度 $\lambda(G)$ は次のように定義される

$$\lambda(G) = \max\{\, k \mid G \text{ は } k\text{-辺連結である}\,\}$$
$$= \min\{\, |X| \mid X \subset E(G), \ G - X \text{ は非連結}\,\}$$

なお，完全グラフ K_m の辺連結度は定義から $\lambda(K_m) = m - 1$ となる．またその辺を除去するとグラフが非連結になるような辺を**切断辺**(cut-edge)とか**橋**(bridge)とよぶ (図 2.5)．明らかに連結グラフ H に切断辺 f があれば，$H - f$ は 2 つの成分に分かれる．

連結度，辺連結度，最小次数の間には次の定理のような関係式が成り立つ．これはほとんどのグラフで自明に成り立つ関係式であるが，特別な状況の場合には議論が必要になる．

定理 2.2.1. グラフ G において次の関係式が成り立つ．

$$\kappa(G) \leq \lambda(G) \leq \delta(G)$$

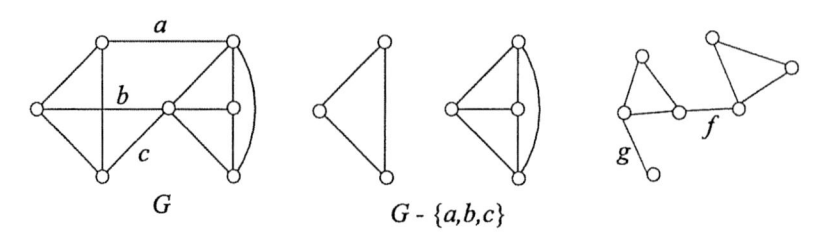

図 2.5　3-辺連結グラフ G；$G-\{a,b,c\}$；切断辺 g と f

証明　グラフ G の最小次数の点 v をとり，v と接続する辺を $\{f_1, f_2, \cdots, f_m\}$ ($m = \deg_G(v) = \delta(G)$) とおく．すると $G-\{f_1, f_2, \cdots, f_m\}$ が非連結になることから $\lambda(G) \leq \delta(G)$ が成り立つ (図 2.6)．

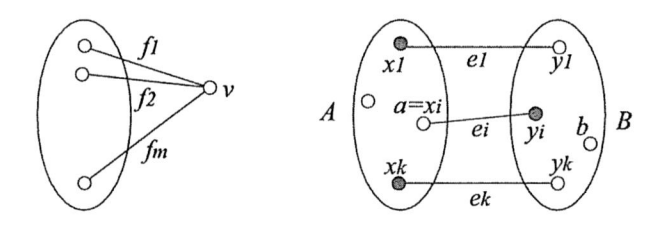

図 2.6　$G-\{f_1, f_2, \cdots, f_m\}$ は非連結；$G-\{e_1, e_2, \cdots, e_k\}$ は非連結；$a = x_i$ のときの $U = \{\bullet\}$

次に $\kappa(G) \leq \lambda(G)$ が成り立つことを証明する．もしグラフ G が完全グラフなら $\kappa(G) = \lambda(G) = |G|-1$ となって成り立つから，G は完全グラフでないと仮定してよい．

$\lambda(G) = k$ とおき，G から k 本の辺 $\{e_1, e_2, \cdots, e_k\}$ ($e_i = x_iy_i$, $x_i, y_i \in V(G)$) を除去すると非連結になると仮定する．すると $G-\{e_1, e_2, \cdots, e_k\}$ は 2 つの成分 A と B に分かれる．実際 2 つの成分に分かれることは，$G-\{e_1, \cdots, e_{k-1}\}$ が連結であり，辺 e_k がこれの切断辺であることからわかる．また一般性を失うことなく $\{x_1, x_2, \cdots, x_k\} \subseteq A$, $\{y_1, y_2, \cdots, y_k\} \subseteq B$ と仮定してよい．なお $\{x_1, x_2, \cdots, x_k\}$ および $\{y_1, y_2, \cdots, y_k\}$ のなかには同じ点があることもある．

もし A のある点 a と B のある点 b を結ぶ辺が G にないなら，

$$U = \{z \mid \text{もし } x_i \neq a \text{ なら } z = x_i, \text{ もし } x_i = a_i \text{ なら}$$
$$z = y_i \text{ (このとき } y_i \neq b \text{ である) ; } 1 \leq i \leq k\}$$

とおけば，$|U| \leq k$ で $G - U$ は非連結となる (図 2.6)．実際 $G - U$ において a を含む成分と b を含む成分は異なるからである．よって $\kappa(G) \leq \lambda(G)$ が成り立つ．したがって A の任意の点と B の任意の点に対して，これらを結ぶ辺が G にあると仮定してよい．

これより A と B を結ぶ辺はすべて $\{e_1, e_2, \cdots, e_k\}$ に含まれているから

$$k \geq |A| \times |B| \geq |A| + |B| - 1 = |G| - 1$$

となる．G は完全グラフでないから非隣接な 2 点 v_1 と v_2 がある．このとき $G - (V(G) - \{v_1, v_2\})$ は 2 つの孤立点 v_1 と v_2 から成るグラフであり，非連結である．上の不等式に注意すると $|V(G) - \{v_1, v_2\}| = |G| - 2 < k$ だから $\kappa(G) < k$ となっている．ゆえに定理は証明された．□

k-連結グラフの性質のいくつかを 7 章で述べる．

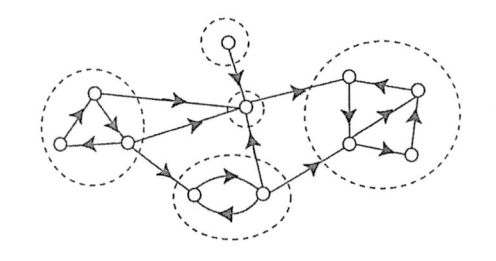

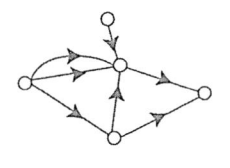

図 2.7 有向グラフの強連結成分分解

有向グラフ D においては，
 (i) D のすべての弧を辺に置き換えた基礎グラフ $G(D)$ が連結である
 (ii) D の任意の 2 点 x, y に対して，x-y 有向道と y-x 有向道がある
により基本的なつながり強さが測れる．条件 (i) を満たすものを連結有向グラフといい，(ii) の条件を満たす有向グラフを強連結有向グラフという．図 2.7 のように，連結有向グラフは極大な強連結部分グラフに分解できる．このとき極

大な強連結部分グラフを**強連結成分**といい，この分解を**強連結成分分解**という．
また強連結成分を1点に縮約すると有向閉路のない有向グラフがえられる．

2.3 最短経路問題

ここでは辺に重みのついたグラフ G を考える．このようなグラフはたとえば
ある地域の都市間の幹線道路網とその道路の長さや通過所要時間を表している．
もちろん点は都市とか道路の交差点を表しており，辺は道路を，辺の重みはそ
の道路の長さとか通過所要時間を表している．

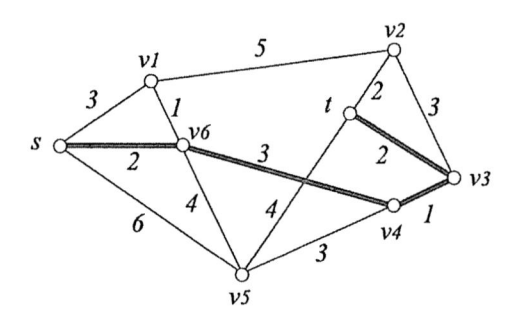

図 2.8 重みつきグラフと s-t 最短経路 ($sv_6v_4v_3t$)

ある都市 s からある都市 t への最短の経路を求めよう．もし都市とか交差点
の数が少なければ容易に求められるが，地域が大きくなり都市の数とか交差点
の数が増えれば組織的な方法が必要になる．ここではこのような問題について
考える．

各辺 $e = xy$ に正の実数値重み $w(e) = w(xy)$ のついたグラフ G を考える．
普通のグラフはすべての辺に重み1のついたグラフとみなされる．辺に重みの
ついたグラフ G において，道 P の辺の重みの総和を P の**長さ**といい，2点 s
と t を結ぶ最小長さの道を**最短経路**とか**最短道**といい，その長さを s と t の**距
離**という．

なお，次に述べるアルゴリズムにおいて，最終的には点 v の距離ラベル $\ell(v)$

は s-v 最短経路の長さ，つまり s から v までの距離を表し，親ラベル $parent(v)$ は s-v 最短経路における v の直前の点を表す．よって v から順に $parent(*)$ にある点をたどれば v から s への最短経路が求められる (図 2.9)．もちろんこれは s-v 最短経路と同じである．

アルゴリズム 2.3.1 (最短経路を求めるダイキストラ法 (Dijsktra)) 重みつきグラフ G の 2 点 s と t が指定されているとき，s と t を結ぶ最短経路は次のようにして求められる．

(i) s と隣接する点 x には距離ラベル $\ell(x) = w(sx)$ と親ラベル $parent(x) = s$ をつけ，s と隣接していない点 y には $\ell(y) = \infty$ と $parent(y) = \emptyset$ をつける．$U = \{s\}$ とおく．

(ii) 点集合 $V(G) - U$ から距離ラベル $\ell(z)$ の最小な点 v を選ぶ．もし $v = t$ なら最短経路が求められた．もし $v \neq t$ なら v と隣接する $V(G) - U$ にあるすべての点 y に対して

$$\ell(y) = \min\{\ell(y),\ \ell(v) + w(vy)\}$$

とラベルをつけ替える．さらにもし $\ell(y) = \ell(v) + w(vy)$ と変更されれば $parent(y) = v$ に変更する．なおこの変更は，いままでに見つけた s-y 道よりも，s-v 最短経路に辺 vy を加えた s-y 道が短いことを意味している．

(iii) $U := U \cup \{v\}$ とし (ii) へ行く．

たとえば図 2.9 において，グラフ G の最初の距離ラベルは (1) のようになる．そしてまず点 a が選ばれ，距離ラベルは (2) のようになる．$U = \{s, a\}$ となり，次に点 c が選ばれ，距離ラベルは (3) のようになる．以下同様にして，順々に d, b と選ばれ距離ラベルは (5) のようになる．そして e と t は同じ距離ラベルであるが，もし t が選ばれればアルゴリズムは終了し，

$$\ell(t) = 6, \quad parent(t) = b, \quad parent(b) = c, \quad parent(c) = s$$

より s-t の距離 6 と最短経路 $(tbcs) = (scbt)$ が求められる．もし e が選ばれれば，次の操作で t が選ばれ同じ最短経路が求められる．

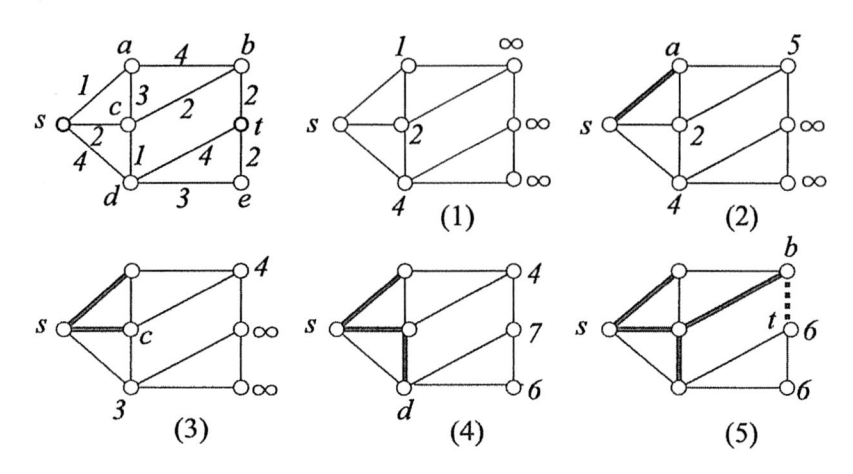

図 2.9 重みつきグラフと s-t 最短道

さて，上の例のような小さいグラフではわかりにくいが，大きなグラフでダイクストラ法を適用すると探索範囲 U が s から同心円上に広がっていき，これが t に到達するまで t とは反対方向へも探索が行われている．もちろん重みつきグラフの情報だけからはこれは避けられない．

しかし，カーナビにおける経路探索など実用的な問題においては，道路の長さなどのほかに各都市とか交差点の位置もわかっている．このようなときには次に述べる A^* アルゴリズムを用いると探索範囲の大幅な縮小とそれに伴う計算時間の短縮が可能となる．

基本的なアイデアは，点 v を選ぶとき距離ラベル $\ell(z)$ が最小になる点ではなく，$\ell(z)$ に z から目的地 t までの概略評価距離を加えた

$$\ell(z) + dist(z,t)$$

が最小となる点を選ぶことである．つまり s-z-t の仮想経路距離 $\ell(z)+dist(z,t)$ を利用するところである．これを次に述べよう．なお，ダイクストラ法で最短経路が求められることはほとんど明らかであるが，A^* 法で最短経路が求められることは証明を要する．しかしここでは省略する．

グラフ G の各点 v_i に対して位置座標 (x_i, y_i) が与えられているとする．このとき 2 点 v_i と v_j に対して

$$dist(v_i, v_j) = \sqrt{(x_i - x_j)^2 + (y_i - y_j)^2} \quad (2.1)$$

と定義する．普通は $dist(v_i, v_j)$ をこのように定義するが，正確には次に述べる式 (2.2) を満たす関数であればどのように定義してもよい．

アルゴリズム 2.3.2 (A^* アルゴリズム)　重みつきグラフ G の各点 v_i に対して位置座標 (x_i, y_i) が与えられているとする．また任意の 3 点 x, y, z に対して

$$G \text{ における } x\text{-}y \text{ の距離} + dist(y, z) \geq dist(x, z) \quad (2.2)$$

が成り立っているものとする．このとき指定された 2 点 s と t を結ぶ最短経路は次のようにして求められる．

(i) s と隣接する点 x には距離ラベル $\ell(x) = w(sx)$ と親ラベル $parent(x) = s$ をつけ，s と隣接していない点 y には $\ell(y) = \infty$ と $parent(y) = \emptyset$ をつける．$U = \{s\}$ とおく．

(ii) $V(G) - U$ から仮想経路距離 $\ell(z) + dist(z, t)$ が最小となる点 v を選ぶ．もし $v = t$ なら最短経路が求められた．もし $v \neq t$ なら v と隣接する $V(G) - U$ のすべての点 y に対して

$$\ell(y) = \min\{\ell(y),\ \ell(v) + w(vy)\}$$

とラベルをつけ替える．もし $\ell(y) = \ell(v) + w(vy)$ と変更されれば $parent(y) = v$ に変更する．

(iii) $U := U \cup \{v\}$ とし (ii) へ行く．

式 (2.2) は，たとえばグラフ G の各辺が道路の長さを表していれば成り立っている．また，式 (2.1) の右辺に適当に定数をかけて式 (2.2) を満たすように $dist(v_i, v_j)$ を定義してもよい．

図 2.10 にダイクストラ法と A^* アルゴリズムによる探索範囲の概略図が載せてある．この例でわかるように大きな改良がされている．

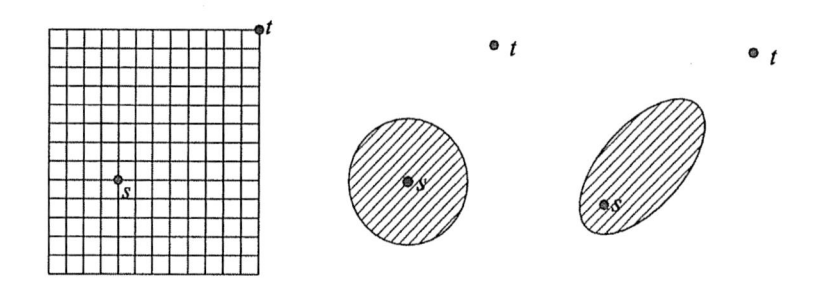

図 2.10 ダイキストラ法と A^* アルゴリズムによる探索範囲 (各辺の重みは 1)

2.4 オイラー回路と郵便配達人問題

グラフのすべての辺を通る回路を**オイラー回路**(Eulerian circuit) といい，オイラー回路のあるグラフを**オイラーグラフ**という．回路の定義よりオイラー回路はすべての辺を1回通って元に戻っており，オイラー回路に沿って筆を運べばグラフがえがける．つまりオイラーグラフは元に戻る一筆書きできる図形と同じである．グラフがオイラーグラフかどうかの判定は，次の定理のように簡単である．

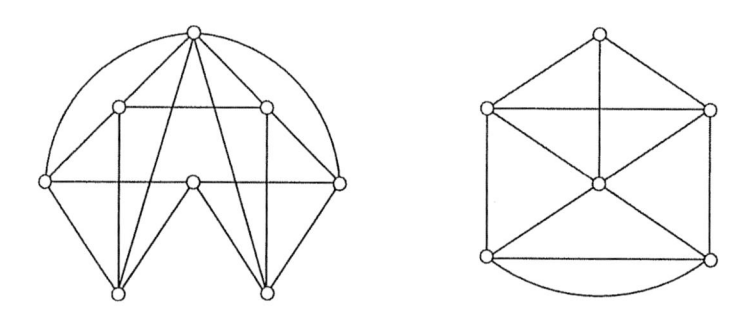

図 2.11 オイラーグラフとオイラーグラフでないグラフ

定理 2.4.1 (Euler) 連結な多重グラフ G がオイラーグラフとなるための必要十分条件は，各点の次数が偶数であることである．

証明 G にオイラー回路 C が存在すると仮定する．任意の点 v から出発して C 上を進み，G のすべての辺を通って元の点 v に戻る．その際通った辺は順に消していく．すると v と異なる任意の点 x において，x を通るたびに x に接続する辺が 2 本ずつ消され，最後にはすべての辺が消されるから x に接続する辺は偶数個ある．つまり x の次数は偶数である．点 v においては，最初に 1 本の辺が消され，途中では 2 本ずつ消され，最後に戻ったとき 1 本消されるので，やはり偶数個の辺が接続しており，偶数次数である．

次にすべての点の次数が偶数ならオイラー回路が存在することを G のサイズ $\|G\|$ に関する帰納法で証明する．もし $\|G\| = 2$ なら G は 2 本の多重辺からなるグラフでオイラー回路がある．以下 $\|G\| \geq 3$ と仮定する．

G の各点の次数は 2 以上だから，G には閉路 $D = (v_0 v_1 \cdots v_k v_0)$ が存在する (問題 2.1)．G から D の辺を除去したグラフ $G - E(D)$ はいくつかの成分 $R_1 \cup R_2 \cup \cdots \cup R_k$ に分かれ，また $G - E(D)$ において各点 x の次数は $\deg_G(x)$ かまたは $\deg_G(x) - 2$ なのでやはり偶数である．よって帰納法の仮定より $G - E(D)$ の各成分 R_i にはオイラー回路が存在する．また各 R_i には D 上の点が少なくとも 1 個はある．

D の点 v_0 から出発し D 上を $v_1, v_2, \cdots$ と進んでゆく．もし成分 R_i に含まれる初めての点 $x_i = v_j$ に着けば，この点 x_i から出発して R_i のオイラー回路を通って x_i に戻り，さらに D 上を進む，このようにして D の出発点 v_0 に戻ったときには G のすべての辺を通っており，G のオイラー回路がえられている (図 2.12)． □

オイラー回路は上の証明の方法でも求められるが，次のアルゴリズムによれば直接求めこともでき，しかもその方法は簡潔明瞭である．

アルゴリズム 2.4.2 (Fleury) 連結なオイラー多重グラフのオイラー回路は次のようにして求められる (図 2.13)．

(i) 任意に出発点 v を決める．点 v から出発し，通った辺は消去し，もし孤立点が生じればそれも消す．

(ii) いま点 x にいるとする．x と隣接する辺 e で，e を消去しても残りのグラフが連結となるような辺 e へ進む．たとえば図 2.13 の点 x からは，辺 f か

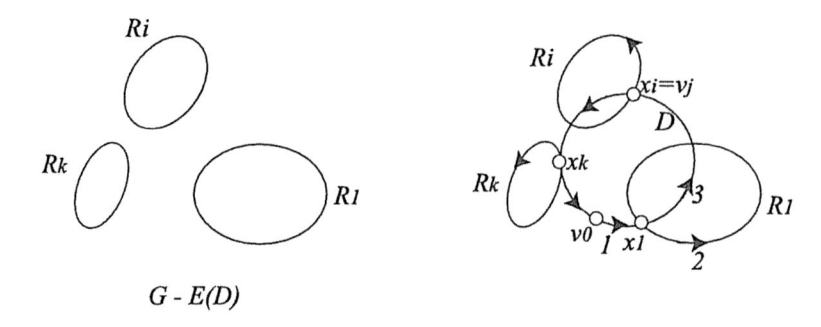

図 2.12 閉路 D と $G - E(D)$ とこれらの回路の合成

辺 g へ進み，辺 h へは進まない．

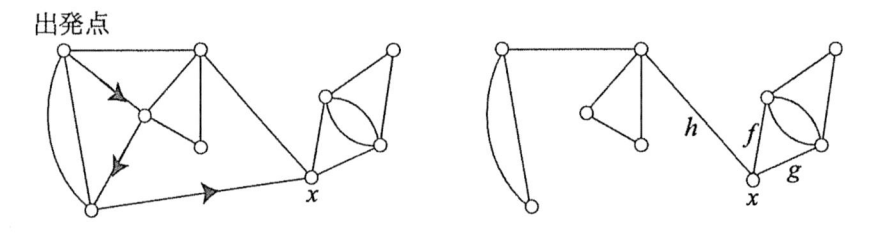

図 2.13 オイラー回路を求めるアルゴリズム

証明 このアルゴリズムでオイラー回路が求められることを証明しよう．そのためには残りの辺がある限り，条件 (ii) を満たすような辺 e が常に存在することを示せばよい．

条件 (ii) を満たす辺 h を進んでいま点 x にいると仮定する．そしていま残っている辺から生成される多重グラフを H とかく．もし点 x に接続する辺が 1 本なら，直前に通った辺 h が (ii) を満たすことからこの辺も (ii) を満たす (図 2.14)．よって x に接続する辺は 2 本以上あるとしてよい．

以下次の (∗) が成り立つことを示す．もしこれが示されれば，x に接続する辺は 2 本以上あり，切断辺でない辺は条件 (ii) を満たすので証明は終わる．

(∗) 点 x に接続する H の切断辺はたかだか 1 本である．

点 x に H の 2 本の切断辺 f_1 と f_2 が接続していると仮定する．H から切断辺を 1 本除去するとグラフは 2 つの成分に分かれるが，x に接続する切断辺が 2 本 $\{f_1, f_2\}$ あることから，少なくとも一方の切断辺 $f_i = xy$ ($f_i \in \{f_1, f_2\}$) に対しては，$H - f_i$ の x を含む成分に出発点 v も含まれている (図 2.14 では $f_i = f_2$).

$H - f_i$ の点 y を含む成分を B とする．ある点を通過するとその点に接続する辺が 2 本消されるので，H においては出発点 v と今いる点 x だけが奇数次数で，ほかの点は偶数次数である．よって成分 B においては点 y だけが奇数次数でほかの点は偶数次数である．しかしこれは定理 1.3.2(p.14) に反する．したがって (∗) が成り立ち，定理は証明された． □

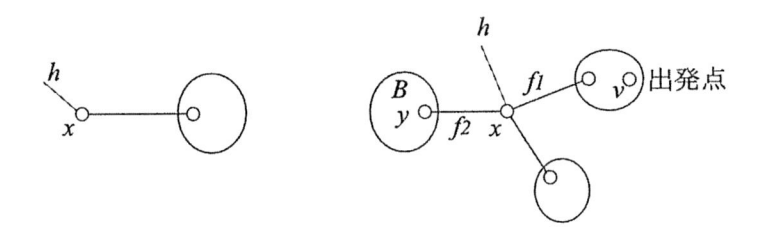

図 2.14　グラフ H, 辺 $f = xy$ と成分 A と B

郵便配達人が配達して回るのに最短な道順を求める問題を考えよう．この問題は中国人，梅 (Guan) によって最初に研究された問題であり，梅の問題とよぶべきものであるが，中国の郵便配達人問題とよばれている．

これはある町のすべての道を通る最短の道順を求める問題である．ここでは，道が狭いときには両側の家に同時に配達できるが，幅の広い大きな道では道の一方側ずつしか配達できないものとする (図 2.15).

まず，この町の道路網を辺に重みのついたグラフ G で表す．交差点を点で表し，道を辺で表す．ただし，幅の広い大きな道路は道路の両側を区別して 2 本の多重辺で表す．また辺の重みは道の長さである．すると上の問題はグラフ G のすべての辺を少なくとも 1 回通る閉じた歩道のなかで最短なものを求める問題になる (図 2.15).

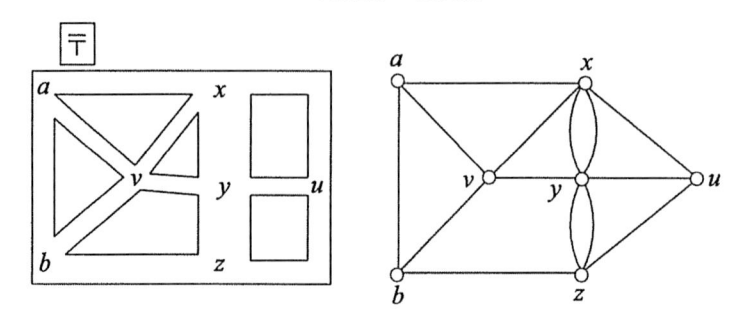

図 2.15 道路とグラフ

もし G のすべての点の次数が偶数であれば，すべての辺を 1 回通るオイラー回路がその解であり，これはアルゴリズム 2.4.2 を用いて求められる．よって奇数次数の点があるときが問題である．奇数次数の点は定理 1.3.2(p.14) より偶数個あるが，この場合の解法を次に述べよう．

グラフ G の**完全マッチング**とは，図 2.16 のように G のすべての点を 2 点ずつ辺で向かい合わせる (マッチングさせる) 辺の集合である．たとえば K_4 には 3 つの完全マッチングがあり，しかもこれらは辺を共有していない (図 2.16)．しかしこれは例外的な状況で，一般には 2 つの完全マッチングは辺を共有していることもあり，K_6 には 15 個の完全マッチングがある．

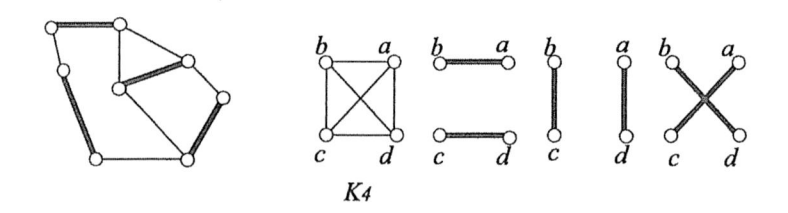

図 2.16 グラフの完全マッチング，K_4 の 3 つの完全マッチング

アルゴリズム 2.4.3 (郵便配達問題) 連結な重みつき多重グラフ G に m 個の奇数次数の点 $u_1, u_2, \cdots, u_m$ があるとする．すると G のすべての辺を 1 回以上通る最短な閉じた歩道は次のようにして求められる (図 2.17)．

(i) すべての 2 点 u_i と u_j の最短経路とその長さ $d(u_i, u_j)$ を求める ($1 \leq i <$

$j \leq m$).

(ii) $\{u_1, u_2, \cdots, u_m\}$ を点集合とする重みつきの完全グラフ K_m をつくる．ここで辺 $u_i u_j$ の重みは $d(u_i, u_j)$ である．

(iii) K_m の完全マッチングのなかで辺の重みの和が最小となるもの F を求める．

(iv) F の各辺に対応する G の経路を求め，この経路上の G の辺を 2 本の多重辺に置き換える．つまり経路に沿って新しい辺を加える．なお，このとき F の選び方より，F の 2 つの辺に対応する G の 2 つの経路が辺を共有することはない．このようにしてえられたグラフを G^* で表すと，G^* の各点の次数は偶数になっている．この G^* のオイラー回路を求め，これを G の閉じた歩道とみなすと，求めたい最短の歩道がえられる．もちろん新しい辺は元のグラフ G では 2 回通る辺に対応している．

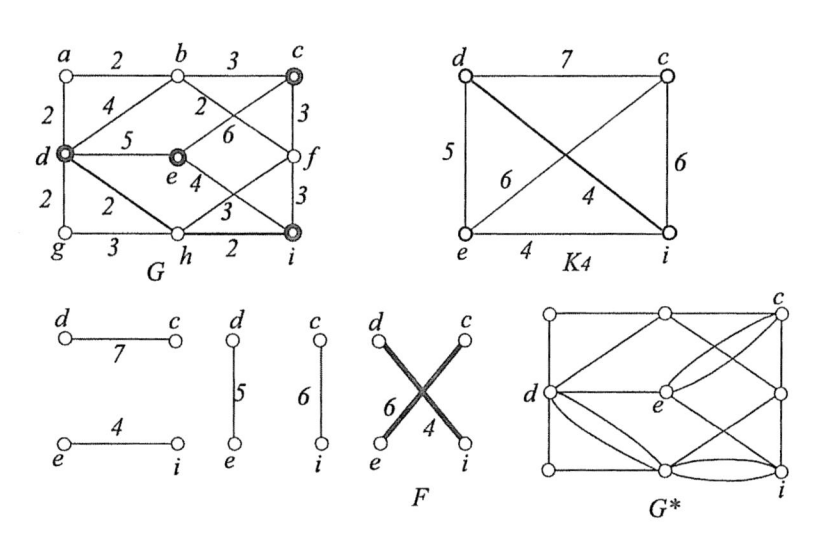

図 2.17 重みつきグラフ G; 完全グラフ K_4 と最小重みの完全マッチング F; オイラーグラフ G^*

上で述べた方法そのままでは，奇数次数の点の数 m が増えると完全マッチングの個数が急激に増えるので，K_m の最小重みの完全マッチングを求めること

がむずかしくなる．しかし，これは本書では述べないが，巧妙な方法で効率的に求めることができる．

2.5 ハミルトン閉路と巡回セールスマン問題

グラフのすべての辺を1回通る回路をオイラー回路といったが，グラフのすべての点を1回通る閉路はハミルトン閉路(Hamiltonian cycle) とよばれている．たとえば図 2.18 のグラフ G の閉路 $(abcdefghia)$ はハミルトン閉路である．しかしオイラー回路の場合とまったく違う状況がハミルトン閉路にはある．つまりハミルトン閉路を短時間で効率的に求めるアルゴリズムも，存在非存在を判定するよい方法も知られていない．むしろそのようなアルゴリズムとか判定法は存在しないと考えられている．判定法については部分的な解決を与える多様な結果がえられているが，特殊なグラフを除くと，応用上有効な結果はまだえられていないといっていいだろう．

しかし，これはグラフ理論の様々な場面で遭遇する状況である．つまり辺の問題はきれいに解決できているのに，類似の点の問題は解決不可能に思われるものがたくさんある．ハミルトン閉路に関する結果を1つ紹介する．なお，この節で扱うグラフはすべて多重辺のない普通のグラフである．

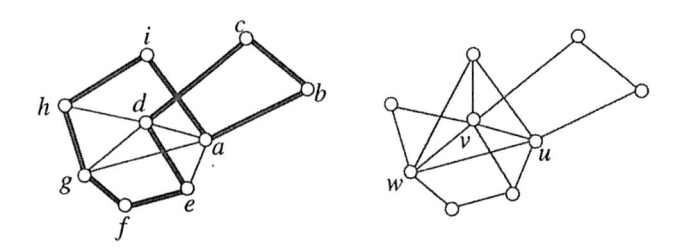

図 2.18 ハミルトン閉路のあるグラフ G とないグラフ H

定理 2.5.1 (Ore) 連結なグラフ G において，もし任意の距離 2 の 2 点の次数の和が $|G|$ 以上なら，つまり

$$\deg_G(x) + \deg_G(y) \geq |G| \qquad (d(x,y) = 2)$$

が成り立てば G にはハミルトン閉路が存在する．とくに，もし任意の非隣接な 2 点の次数和が $|G|$ 以上とか，$\delta(G) \geq |G|/2$ であるなら G にはハミルトン閉路が存在する．

証明 後半の命題は前半の命題から明らかに成り立つので，前半の命題だけを証明する．グラフ G から勝手にとった閉路を C とおく．以下 C はハミルトン閉路でないと仮定して，C より長い閉路がえられることを示す．これが示されればハミルトン閉路がえられるまで閉路が長くできるので，証明されたことになる．

G は連結だから C 上のある点 v_1 と，これに隣接する $V(G) - V(C)$ の点 w が存在する．$C = (v_1 v_2 \cdots v_k v_1)$, $wv_1 \in E(G)$ とおく（図 2.19）．

すると w と v_2 は隣接していないと仮定してよい．実際，もし wv_2 が G の辺なら，$C - v_1 v_2 + v_1 w + w v_2$ は C より長い閉路になるからである（図 2.19）．同様に w と v_k も隣接していないと仮定してよい．

もし w と v_2 の両方に隣接する $V(G) - V(C) - w$ の点 x があれば，$C - v_1 v_2 + v_1 w + wx + x v_2$ は C より長い閉路となる（図 2.19）．よって $V(G) - V(C) - w$ の点は w と v_2 のたかだか一方とのみ隣接していると仮定してよい．

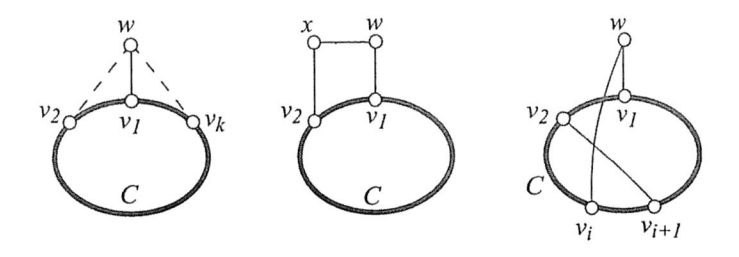

図 2.19 最長閉路 C; 点 w （破線は辺がないことを表す）

次に C 上の点について考えよう．もしある i $(3 \leq i \leq k-1)$ において wv_i と $v_2 v_{i+1}$ がともに G の辺なら

$$C - v_1 v_2 - v_i v_{i+1} + v_1 w + w v_i + v_2 v_{i+1}$$

が C より長い閉路となる．したがって，もし $wv_i \in E(G)$ $(3 \le i \le k-1)$ なら $v_2v_{i+1} \notin E(G)$ と仮定してよい．これより w と隣接している $\{v_3, v_4, \cdots, v_{k-1}\}$ の点の個数を m とすると v_2 と隣接している $\{v_4, v_5, \cdots, v_k\}$ の点の個数は $k-3-m$ 個以下である．よって w または v_2 と C 上の点を結ぶ辺の個数は，上で述べた w または v_2 と接続する辺のほかに，辺 wv_1, v_2v_1, v_2v_3 を加えた

$$m + (k-3-m) + 3 = k = |V(C)|$$

個以下である．以上のことから w と v_2 の距離は 2 で

$$\deg_G(w) + \deg_G(v_2) \le |V(G) - V(C) - w| + k = |V(G)| - 1 < |G|$$

しかしこれは定理の条件に反する．ゆえに上で述べたどこかの状況が起こっており，常に C より長い閉路がえられる．したがって定理は成り立つ． □

上の定理の後半の条件「任意の非隣接な 2 点の次数和は $|G|$ 以上」を満たすグラフ G を考えてみよう．グラフ G の位数は 1000 であるとし，ある点 v の次数が 200 と仮定する．すると v と隣接しない 800 個の点の次数はそれぞれ 800 以上であり，G は非常に辺が密集した完全グラフに近いグラフである．距離 2 の点に関する条件は少し弱いが，似たような状況にあることは容易に推測される．このように辺が多すぎるほどあるグラフにおいてハミルトン閉路の有無を調べることは，実際的にはほとんどないであろう．このような意味であまり有効ではない．辺の少ないグラフにおいてハミルトン閉路の有無を判定するよい方法は知られていない．

次の定理は上の定理を拡張したもので，長さが最小次数の 2 倍以上の閉路の存在を保証している．

定理 2.5.2. 2-連結グラフ G には長さが $2\delta(G)$ 以上の閉路が存在する．

オイラー回路から郵便配達人問題を考えたように，ハミルトン閉路から巡回セールスマン問題が考えられる．与えられたグラフは各辺に重みのついたグラフで，点は都市を表しており，辺は 2 つの都市間の幹線道路の長さや通行所要

時間を表している．セールスマンはこのすべての都市を回って会社に帰る．どのような道順ですべての都市を回れば最短時間で戻れるか，その道順を求めよという問題を**巡回セールスマン問題**という．これはハミルトン閉路を求める問題と同じく非常にむずかしく，最短順路を求めることは都市の数が30程度でもむずかしい．

この特別な場合として，平面上にいくつかの点が与えられており，どの2点間も直線で行けるものとする．このときすべての点を通る順路のなかで最短なものを求める問題を簡単に**平面上の巡回セールマン問題**ということもある．このときも状況はまったく同じで，最短順路を求めることは非常にむずかしい．いろいろな近似解法が知られているが，簡単な近似解法として次のようなものがある．

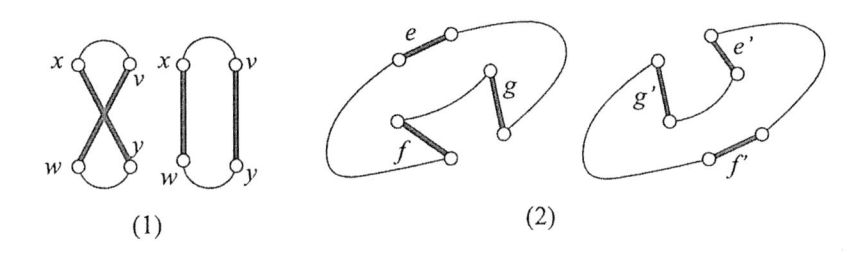

図 2.20　2辺 xy, vw による改良 (1) と 3辺 $\{e, f, g\}$ による改良 (2)

アルゴリズム 2.5.3 (平面上の巡回セールスマン問題の近似解法)

(i) ハミルトン閉路 C を1つつくる．もし2つの辺 vw と xy が交差していれば，$C - vw - xy$ は2つの道に分かれるが，これに2つの辺を加えた

$$C - vw - xy + xv + yw \quad \text{または} \quad C - vw - xy + xw + yv$$

の一方はハミルトン閉路であり，その長さは C より短い (図 2.20(1))．この操作を繰り返し行い交差のないハミルトン閉路を求める．この操作を数回行い，交差のないハミルトン閉路をいくつか求め，そのなかで最短なものをとる．なお，最初のハミルトン閉路を工夫してつくるとよいものがえられる．

(ii) ハミルトン閉路 C を1つつくる. C から3つの辺 e, f, g を任意に選ぶ. すると $C - \{e, f, g\}$ は3つの成分に分かれるが, これに適当に3つの辺を加えるとハミルトン閉路がいくつかできる (図 2.20(2)). もしこれらのなかに元のハミルトン閉路より短いものがあればそれを選び, この新しいグラフに対して同じ操作をする. そしてすべての3辺に対して改良ができなくなるまでこの操作を行い, 極小長さのハミルトン閉路を求める. このような一連の操作を数回行っていくつかの極小長さのハミルトン閉路を求め, そのなかで最短なものをとる.

2.6 演 習 問 題

問題 2.1 最小次数が 2 以上の連結グラフには閉路が存在することを示せ.

問題 2.2 グラフ G またはその補グラフ $\overline{G}$ の少なくとも一方は連結であることを示せ.

問題 2.3 図 2.21 のグラフ G において, v_1 を始点とする長さ 3 の歩道, 長さ 3 の小道, 長さ 4 の道 (閉路は除く) をすべてかけ.

(ヒント) 歩道は $(e_1e_2e_2), (e_1e_1e_1), (e_1e_1e_3)$ など閉じたものも含めて 19 個ある. 小道は $(e_1e_4e_6), (e_1e_4e_3), (e_3e_4e_1)$ など閉じたものも含めて 10 個ある. 道は $(v_1v_2v_3v_4v_5), (v_1v_2v_4v_5v_1)$ など 6 個ある.

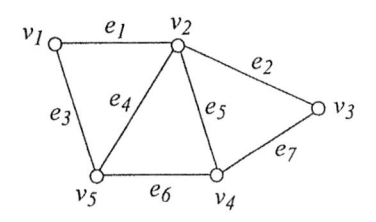

図 2.21 グラフ G

問題 2.4 図 2.21 のグラフ G の隣接行列 A を求め, 合わせて A^2, A^3 も計算せよ. 次に A^2 の (i,i) 成分が $\deg_G(v_i)$ であることを確かめよ. また A^3 の第 1 行の成分の和が v_1 を始点とする長さ 3 の歩道の個数に等しいことを確かめよ. また (A^3 の対角成分の和) $\times \frac{1}{6}$, つまり (A^3 の (i,i) 成分の和) $\times \frac{1}{6}$ が G の 3 角形の個数 3 に等しくなることを確かめよ. なお, ここで述べたことは一般のグラフでも成り立つ.

問題 2.5 完全 2 部グラフ $K(n,m)$ と完全 3 部グラフ $K(m,n,k)$ の連結度と辺連結度を求めよ. ただし $1 \leq m \leq n \leq k$ とする.

問題 2.6 切断辺の 1 本ある 3-正則グラフ (位数は 10 以上になる) と, 切断辺

の3本以上ある3-正則グラフをえがけ (位数は16以上になる).

問題 2.7 $\kappa(G) = 2$, $\lambda(G) = 3$, $\delta(G) = 4$ のグラフを2つ以上えがけ.

問題 2.8 3-正則グラフ G では $\kappa(G) = \lambda(G)$ となることを示せ.

(ヒント) 定理 2.2.1(p.38) より $\kappa(G) \leq \lambda(G)$ は成り立っているので, $\lambda(G) \leq \kappa(G)$ が成り立つことを示せばよい. つまり $\kappa(G) = 1$ なら切断辺が存在し, $\kappa(G) = 2$ なら2本の辺からなる辺切断が存在することを示せばよい. なお, $\kappa(G) = 3$ のときは, 定理 2.2.1 より $3 = \kappa(G) \leq \lambda(G) \leq \delta(G) = 3$ となり, $\lambda(G) = 3$ となる.

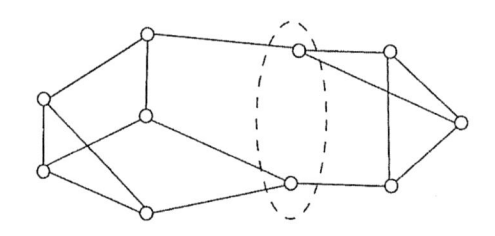

図 2.22 2-連結な 3-正則グラフの例

問題 2.9 位数 10 以上の連結なオイラーグラフと, オイラーグラフでないグラフをそれぞれ2つ以上えがけ.

問題 2.10 奇数次数の点が2個ある連結グラフには, 一方の奇数次数の点から出発して, すべての辺を1回通ってもう一方の奇数次数の点へ行く小道が存在することを示せ.

(ヒント) 2つの奇数次数の点を新しい辺で結んでみよ.

問題 2.11 図 2.23 のグラフ G と H において s-t 最短経路を求めよ.

問題 2.12 図 2.23 のグラフ K において郵便配達人問題を解け.

問題 2.13 図 2.18(p.50) のグラフ H にハミルトン閉路が存在しないことは, たとえば $H - \{u, v, w\}$ が4個の成分からなることからわかる. 一般にあるグラフ G とその点部分集合 X に対して, もし $G - X$ の成分が $|X| + 1$ 個以上あ

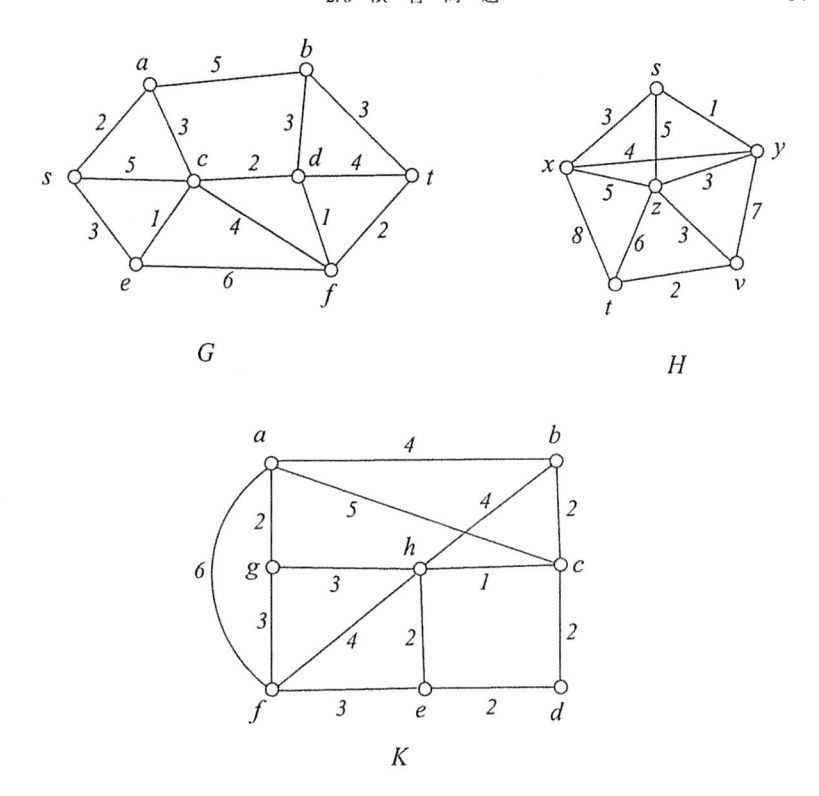

図 2.23　グラフ G, H, K

れば G にはハミルトン閉路が存在しない．これを説明せよ．

次にこの考えを用いてハミルトン閉路のない 3-連結なグラフを 2 つ以上えがけ (3 点を除去すると 4 個の成分ができればよい)．なお，ペテルセングラフにはハミルトン閉路が存在しないが，この非存在は上の方法では示せない．考えられるすべての可能性を検討して非存在がわかる．

3

木 と 全 域 木

3.1 木の定義と基本的な性質

　木(tree) とは連結で閉路のないグラフである．次の定理は木の基本的な性質を述べているが，図 3.1 の例から容易に成り立つことが納得できるだろう．しかし木の定義からこれをきちんと証明するには，退屈な議論が必要となるのでほとんどの証明を省略する．この定理の内容はやさしいので，明示しないで用いることもある．また端末点とは次数 1 の点である．

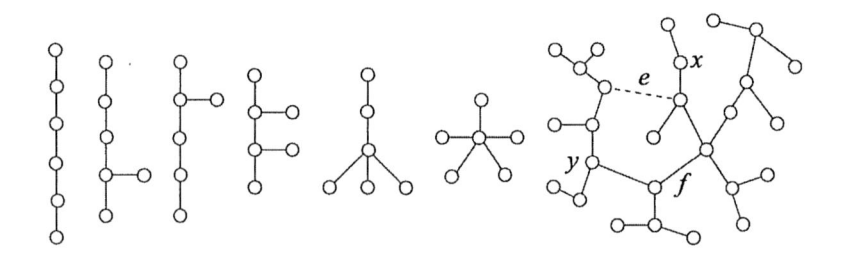

図 3.1 位数 6 のすべての木と大きな 1 つの木

定理 3.1.1. 木 T には次の性質がある．

(i) $||T|| = |T| - 1$

(ii) 任意の 2 点 x, y に対して，x と y を結ぶただ 1 つの道がある．

(iii) T の 2 点を結ぶ T に含まれない辺 e に対して，$T + e$ には e を通るただ 1 つの閉路があり，この閉路上の任意の辺 f に対して $T + e - f$ は木となる．

(iv) 少なくとも 2 個の端末点がある．実際，次数 3 以上の点の集合を W と

すると，$\sum_{x \in W}(\deg_T(x) - 2) + 2$ 個の端末点がある．

証明 (iv) だけを証明する．端末点の集合を X，次数 2 の点の集合を Y とすると，$V(T) = W \cup X \cup Y$ となり，握手定理 1.3.1 と (i) より

$$\sum_{x \in V(T)} \deg_T(x) = 2\|T\| = 2|T| - 2$$

$$\sum_{x \in V(T)} (\deg_T(x) - 2) + 2 = 0$$

$$\sum_{x \in W} (\deg_T(x) - 2) + \sum_{x \in X} (-1) + \sum_{x \in Y} 0 + 2 = 0$$

$$\sum_{x \in W} (\deg_T(x) - 2) - |X| + 2 = 0$$

ゆえに (iv) が成り立つ．□

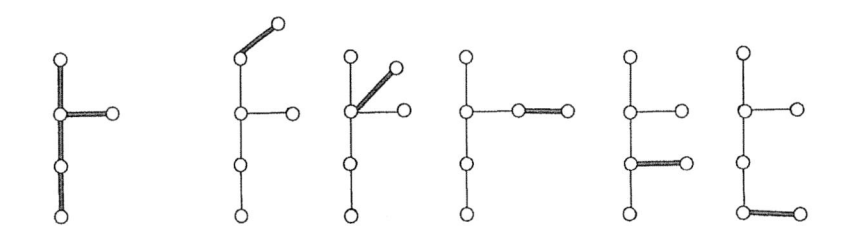

図 3.2　1 つの位数 5 の木から位数 6 の木をつくる

上の定理より木には必ず端末点があり，これを除去すると位数の 1 つ小さい木がえられる．この事実を逆に述べれば，位数 n の木は位数 $n-1$ の木に 1 つの新しい点とこれに接続する 1 本の新しい辺を加えてえられる (図 3.2)．たとえば図 3.1 で示したように位数 6 の木は 6 個あるが，これは位数 5 の 3 個の木の各点に対して，1 本の新しい端末辺を加えて位数 6 の木を 15 個つくり，このなかから同形で不要なものを除いてえられる．位数が 15 以下程度のすべての木はこの方法で効率的に生成できる．なお，同形判定については 3.4 節で述べる．

3.2 木の中心と重心

一般の連結グラフ G に対して中心の定義を述べよう．G の 2 点 x, y に対し，これらを結ぶ最短道の長さを x と y の**距離**(distance) といい，$d(x,y)$ で表した．点 v からもっとも遠い点までの距離を v の**離心値**といい，離心値が最小となる点をグラフの**中心**(center) という．中心の離心値をグラフの**半径**(radius) といい，$\mathrm{rad}(G)$ で表す．

たとえば図 3.3 のグラフ G において，点 v の離心値は $d(v,x) = 5$ であり，中心 a, b, c の離心値はすべて 3 である．よって G の半径は 3 で，中心以外の点の離心値は 4 以上である．

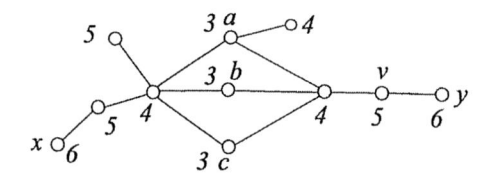

図 3.3 中心が 3 点 $\{a, b, c\}$ からなるグラフ G （数字は離心値を表す）

実際的な例として，グラフ G がある町の幹線道路網を表していれば，消防署とか警察署は事故や事件現場まで最短時間で行ける場所に設置するのがよいが，このような場所が中心である．そして田舎の町では幹線道路網が木になっているところもあり，単位長さごとに点を加えて辺の長さが 1 の木で近似することもできるだろう．

グラフ G の中心を a とし，任意の点を v とすると，中心の定義より

$$G \text{ の半径} = \mathrm{rad}(G) = \max_{x \in V} d(a,x) \leq \max_{x \in V} d(v,x) \qquad (3.1)$$

が成り立つ．もっとも離れた 2 点間の距離をグラフの**直径**(diameter) といい，$\mathrm{diam}(G)$ で表す．図 3.3 のグラフ G の直径は $d(x,y) = 6$ である．

$$G \text{ の直径} = \mathrm{diam}(G) = \max_{x,y \in V} d(x,y)$$

グラフの半径と直径の間には

$$\mathrm{diam}(G) \leq 2\,\mathrm{rad}(G) \tag{3.2}$$

の関係がある．これは，距離 $d(x,y)$ が 3 角不等式 $d(x,y)+d(y,z) \geq d(x,z)$ を満たすことからわかる．実際，2 点 v_1, v_2 を $d(v_1,v_2)=\mathrm{diam}(G)$ となるように選び，a を中心とすると，

$$\mathrm{diam}(G) = d(v_1,v_2) \leq d(v_1,a) + d(a,v_2) \leq 2\,\mathrm{rad}(G)$$

となるからである．一方，閉路 C_{2n} においては $\mathrm{diam}(C_{2n}) = \mathrm{rad}(C_{2n}) = n$ となっており，直径の下からの評価は一般にはむずかしい．

点 v からすべての点までの距離の総和

$$\sum_{x \in V} d(v,x)$$

を考え，これが最小となる点をグラフの重心(centroid)という．グラフ G がある町の幹線道路網を表していれば，重心は市役所などのように多くの人が使う場所である．つまり，すべての点から人が1人ずつある場所に集まるとき，その総時間数が最小となる場所が重心である．

類似の別の例としては，新幹線の駅がほぼ等間隔にあり，新幹線網が木で表現できるとしよう．このときすべての駅から駅長さんがある駅に集まるときに，料金の合計がもっとも安くなる駅が重心である．

さて，一般にグラフには中心とか重心は複数個あり，これらを求めることはそれほど容易ではない．しかし，木の中心とか重心に関しては次の定理で述べるような簡明な事実があり，これらを利用すると木の中心，半径，重心は容易に求められる．

定理 3.2.1. (i) 木の中心は 1 点または 2 点からなり，2 点のときにはそれらは隣接している．つまり K_1 または K_2 である．

(ii) 位数 3 以上の木 T からすべての端末点を除去してえられる木を T' とすると，T の中心と T' の中心は一致する．また，$\mathrm{rad}(T) = \mathrm{rad}(T') + 1$ である (図 3.4).

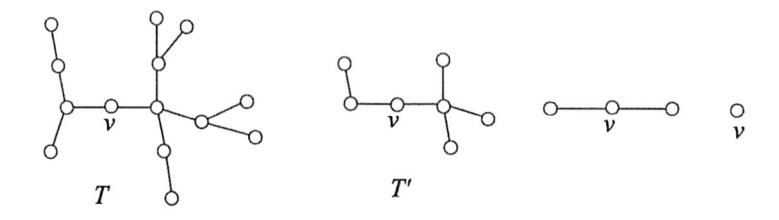

図 3.4 端末点の除去による中心の求め方（$\mathrm{rad}(T) = 3$, $\mathrm{rad}(T') = 2$）

証明 最初に任意の木 R と R の任意の点 v に対して,

v からもっとも遠い点はすべて端末点になっている

ことを示す. v から最遠の点 w が R の端末点でないと仮定する. 端末点でないから w と隣接する点は 2 個以上あり, 定理 3.1.1(p.59) より R にはただ 1 つの v-w 道があることから, v-w 道になく w と隣接する点 x がある (図 3.5). このとき v-x 道は v-w 道に wx を加えたものだから, x は w より遠くにあり, w が最遠の点であることに反する. よって v からの最遠点はすべて端末点である.

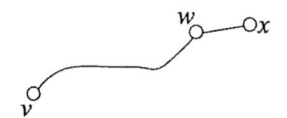

図 3.5 v から最遠の点 w が R の端末でないなら矛盾となる

さて (ii) を証明する. T を位数 3 以上の木とし, T の中心を a とする. a から最遠の T の点の集合を Y とおくと, Y の点はすべて T の端末点になっているから, T' には含まれない. よって式 (3.1)(p.60) に注意すると

$$\mathrm{rad}(T') \leq \max_{x \in V(T')} d(a,x) \leq \max_{x \in V(T)-Y} d(a,x) \leq \mathrm{rad}(T) - 1$$

がえられる.

逆に, T' の中心 b に対して, b から最遠の T の点 y も T の端末点で, これに隣接する点 z は T' の点であり, 式 (3.1) より

$$\mathrm{rad}(T) \leq \max_{x \in V(T)} d(b,x) = d(b,y) = d(b,z) + 1 \leq \mathrm{rad}(T') + 1$$

となる．上の 2 つの不等式から

$$\mathrm{rad}(T') = \mathrm{rad}(T) - 1, \quad \max_{x \in V(T')} d(a,x) = \mathrm{rad}(T'), \quad \max_{x \in V(T)} d(b,x) = \mathrm{rad}(T).$$

これから a が T' の中心であり，同時に b が T の中心となることがわかる．したがって T の中心と T' の中心は一致し，(ii) は証明された．

次に (i) を示す．(ii) で述べた端末点を一斉に取り除く操作を続けてゆくと，最後には端末点のない木 K_1，または端末点だけからなる木 K_2 がえられる．これより (i) は成り立つ． □

木の重心は次の定理により容易に求めることができる．

定理 3.2.2. (i) 木の重心は 1 点または 2 点からなり，2 点のときにはそれらは隣接している．

(ii) 木 T の任意の辺 e に対して，T から e を除去すると 2 つの成分に分かれるが，これを $T - e = C \cup D$ とおく．もし $|C| > |D|$ なら重心はすべて C にある．もし $|C| = |D|$ なら，e の両端点が T の重心となる (図 3.6)．

上の定理の (ii) を用いると，図 3.6 の木 T の重心は $T - g$ の左の位数 11 の成分にあり (右の成分の位数は 6)，以下同様に $T - f$ の右の成分，$T - h$ の上の成分にあり，重心は点 u である．

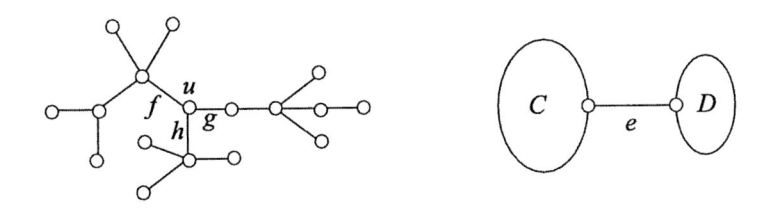

図 3.6 重心 $\{u, v\}$ は $T - g$ の左の成分にある

一般に木には多くの最長道があるが，これについては次のような性質がある．

この性質を利用すると中心から最長の道を求め，これらを合わせて木のすべての最長道を求めることができる．

定理 3.2.3. 木のすべての最長道は中心を通る．もし中心が K_2 ならこの2点とも通る．

3.3 ラベル木の数え上げ

グラフ G の各点に $1, 2, \cdots, |G|$ の異なる整数を対応させたグラフをラベルづけされたグラフという．つまり1対1の写像 $\phi : V(G) \to \{1, 2, \cdots, |G|\}$ を考え，対 (G, ϕ) をラベルづけされたグラフという．同じグラフ G からえられた2つのラベルづけされたグラフ $G_1 = (G, \phi_1)$ と $G_2 = (G, \phi_2)$ が同形であるのは，ラベルづけを保存する同形対応があるときである．つまりすべての整数 i と j $(1 \leq i < j \leq |G|)$ に対して，i と j のラベルのついた G_1 の2点と G_2 の2点の隣接・非隣接が一致するときに同形であるという．

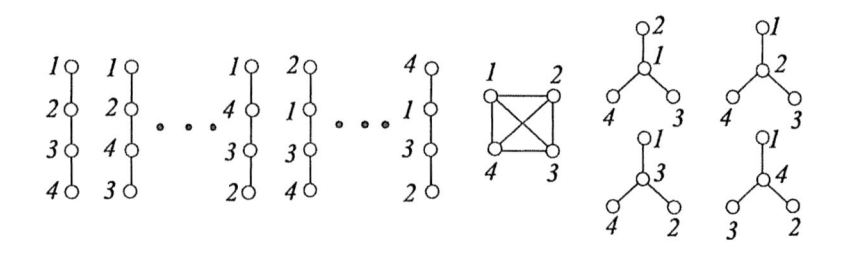

図 3.7 ラベルづけされた P_4 の例と K_4 と $K_{1,3}$

たとえばラベルづけされた P_3 は，中心のラベルによって決まるから3個あり，ラベルづけされ K_4 はすべて同形で1個しかない．ラベルづけされた P_4 は P_4 の端末点にラベル1がついたものと，中の点にラベル1がついたものがあり，合わせて $2 \times 3! = 12$ 個ある．ラベルづけされた $K_{1,3}$ は中心につけるラベルが4通りあるので4個ある (図 3.7)．とくにラベルづけされた位数4の木は，ラベルづけされた P_4 と $K_{1,3}$ を合わせた16個ある．一般には次の定理が成り

立つ.

定理 3.3.1 (Cayley)　ラベルづけされた位数 n の木は n^{n-2} 個ある.

証明　ここで述べる証明は Prüfer によるもので,ラベルづけされた木を $n-2$ 個の数からなる数列で一意的に表示するという,コンピュータ処理に応用できる方法を用いている.

ラベルづけされた位数 n の木の集合と数列の集合

$$\{(a_1, a_2, \cdots, a_{n-2}) \mid 1 \leq a_i \leq n\}$$

の間に 1 対 1 の対応を与える.もしこのような対応があれば,各 a_i が n 通り選べることから数列は明らかに n^{n-2} 個あり,定理は成り立つ.

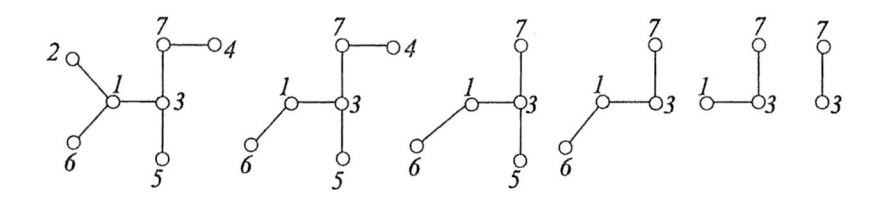

図 3.8　位数 7 のラベルづけされた木と数列 $(1, 7, 3, 1, 3)$

位数 n のラベルづけされた木を T とし,ラベルと点を同一視し $V(T) = \{1, 2, \cdots, n\}$ とおく.T の端末点のなかで最小のものを b_1 とし,b_1 と隣接している点を a_1 とする.次に点 b_1 と辺 $b_1 a_1$ を除去し木 $T - b_1$ をつくる.以下同様に,$T - b_1$ の端末点のなかで最小のもの b_2 を選び,b_2 と隣接している点を a_2 とし,$T - \{b_1, b_2\}$ をつくる.この操作を 2 つの端末点だけからなる木 K_2 がえられるまで続ける.このようにして数列 $(a_1, a_2, \cdots, a_{n-2})$ をえる.

たとえば,図 3.8 では

$$b_1 = 2, \ a_1 = 1, \ b_2 = 4, \ a_2 = 7, \ b_3 = 5, \ a_3 = 3,$$
$$b_4 = 6, \ a_4 = 1, \ b_5 = 1, \ a_5 = 3$$

であり，$(1,7,3,1,3)$ がえられる．

逆に数列 $(a_1, a_2, \cdots, a_{n-2})$ が与えられたとする．まず，$V(T) = \{1, 2, \cdots, n\}$ とおき，これらの整数 1 から n において考える．

数列 $(a_1, a_2, \cdots, a_{n-2})$ に含まれない最小の整数を c_1 とし，辺 $c_1 a_1$ をつくる．次に a_1 と c_1 を入れ替えてつくった数列 $(c_1; a_2, \cdots, a_{n-2})$ に含まれない最小の整数 c_2 をとり，辺 $c_2 a_2$ をつくる．以下同じことを繰り返していく．つまり，c_i は数列 $(c_1, c_2, \cdots, c_{i-1}; a_i, \cdots, a_{n-2})$ に含まれない最小の整数で，辺 $c_i a_i$ をつくる．そして a_i と c_i を入れ替えて数列 $(c_1, c_2, \cdots, c_i; a_{i+1}, \cdots, a_{n-2})$ をつくる．最後に $(c_1, c_2, \cdots, c_{n-2})$ にない 2 つの整数を辺で結ぶ．すると木ができている．

たとえば $(1, 7, 3, 1, 3)$ のときには，この数列に 5 個の数字があることから $n = 7$ で，この数列に含まれない $\{1, 2, 3, 4, 5, 6, 7\}$ の最小の整数が 2 であることから

$$c_1 = 2, \ a_1 = 1, \ (2; 7, 3, 1, 3)$$

となる．以下

$$c_2 = 4, \ a_2 = 7, \ (2, 4; 3, 1, 3); \quad c_3 = 5, \ a_3 = 3, \ (2, 4, 5; 1, 3);$$
$$c_5 = 6, \ a_4 = 1, \ (2, 4, 5, 6; 3); \quad c_5 = 1, \ a_5 = 3, \ (2, 4, 5, 6, 1)$$

となる．そして数列 $(2, 4, 5, 6, 1)$ にない 3 と 7 を辺で結ぶ．

ここで加えられた辺は $\{a_i c_i\} = \{21, 47, 53, 61, 13\}$ で，これは数列を求めるときに除去した辺 $\{a_i c_i\}$ と一致しており，辺 37 は最後まで残った辺である．よってこれらから元の木ができる (図 3.8)．

数列 $(a_1, a_2, \cdots, a_{n-2})$ から上の操作でえられる $(c_1, c_2, \cdots, c_{n-2})$ が最初に述べた端末点の列 $(b_1, b_2, \cdots, b_{n-2})$ と一致し，元の木が復元できる理由を簡単に説明する．まず b_1 は $T_1 = T - b_1$ に含まれず，$(a_1, a_2, \cdots, a_{n-2})$ にも含まれていない．

b_1 より小さい任意の番号を x とする $(1 \leq x < b_1)$．もし $x = a_1$ なら $x \in (a_1, a_2, \cdots, a_{n-2})$．もし $x \neq a_1$ なら，T_1 の端末点は T の端末点または a_1 であり，b_1 は T の最小の端末点であったから，x は T_1 の端末点はない．よってある T_i において x と接続する端末点 y が現れ，その後ある T_j で y が b_j として選ばれ，$x = a_j$ となる．これより $x \in (a_1, a_2, \cdots, a_{n-2})$．ゆえに

b_1 は $(a_1, a_2, \cdots, a_{n-2})$ に含まれない最小の数であり，c_1 と一致する．

b_2 は $T - b_1$ において同様に考えれば，T_1 の点のなかで $(a_2, \cdots, a_{n-2})$ に含まれない最小の数となる．つまり b_2 は T の点のなかで $(b_1 = c_1; a_2, \cdots, a_{n-2})$ に含まれない最小の点であり，$b_2 = c_2$ となる．以下同様である．

この対応が 1 対 1 であることは，ラベルづけされた木 T から数列が一意的に決まり，またこの数列から元の木が一意的に決まることからわかる． □

3.4 根付き木と木の同形判定

木 T とその指定された 1 点 v を対にした (T, v) を，v を根(root)とする根付き木(rooted tree) という．単に根付き木と言えば，ある 1 点が根として指定された木をいう．根付き木は情報科学にとって不可欠な道具である．応用の一例を述べよう．

図 3.9 の根付き木は根以外の各点の次数が 3 であり，根から下へ降りると各点で 2 つに分かれていることから 2 分木とよばれている．この根付き木の各点に 1 から 13 の数字を図 3.9 のように特殊な方法でラベルづけしたものを **2 分探索木** とよぶ．

この根付き木の根から，1 から 13 の間の任意の数 k を降ろす．そしてある点に来たとき，もしその点のラベルと同じ数なら停止し，もしその点のラベルより大きいなら右下へ進み，もし小さいなら左下へ進む．するとこの簡単なルールで同じ数字 k のラベルの点へ行ける．

たとえば，図 3.9 において 7 の場所を求めてみよう．7 は根のラベル 8 より小さいので左下へ進み，ラベル 4 より大きいので右下へ進み，6 より大きいので右下へ進む．するとラベル 7 の点へ着いている．

さて，根付き木 T は，根 v を 1 番上におき，v から距離 i の点を i 番目のレベルにおいて表すと便利である．またレベル i の点 x とレベル $i+1$ の点 y が隣接していれば，x を y の親といい，y を x の子という．根以外の点 w には親はただ 1 つあり，子は $\deg_T(w) - 1$ 個ある．

点のレベルとか親とか子は，木の各辺に根 v から遠くに向う方向に向きをつければ容易に求められる．実際このように向きをつけた有向木で考えれば，点

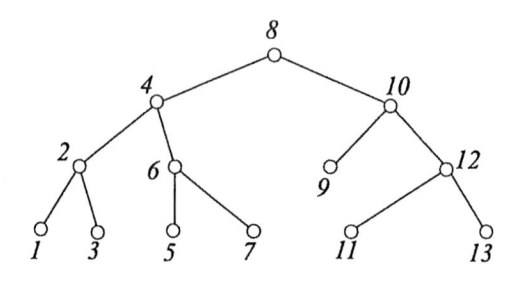

図 3.9　2 分木とレベルづけ

w のレベルは，w から逆向きに弧をたどって根 v へ行く道をみつけ，その長さを求めればよいし，w の親は w へ入る弧の始点であり，w の子は w から出る弧の終点である (図 3.10)．

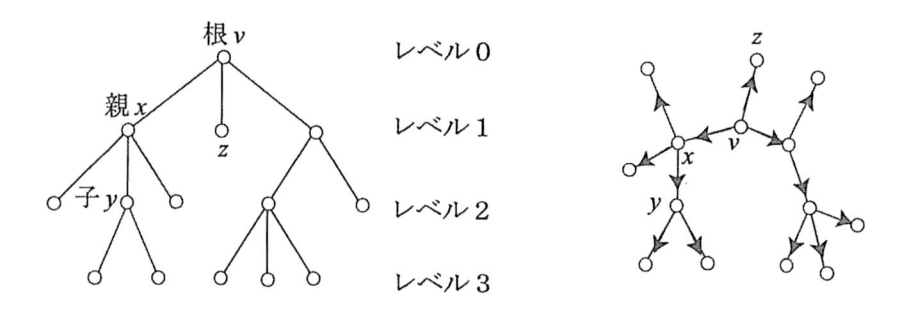

図 3.10　根付き木とそのレベル，y の親 x と x の子 y

2 つの根付き木 (T_1, v_1) と (T_2, v_2) が同形であるのは，根を根に写す同形写像があること，つまり

$$f : V(T_1) \to V(T_2), \qquad f(v_1) = v_2$$

となる同形写像 f が存在することである．

　次に根付き木の同形判定法を述べるが，これは根付き木を数列の列の組で一意的に表すことによってされる．これは巧妙な方法であるが，コンピュータ処理に適した方法であり，このような数列の列の組により根付き木が表現されれば根付き木の同形判定問題は解決されている．

3.4 根付き木と木の同形判定

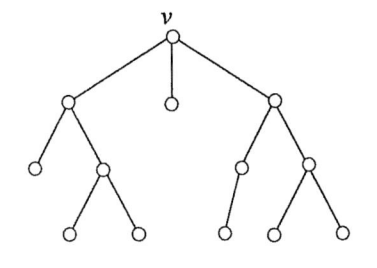

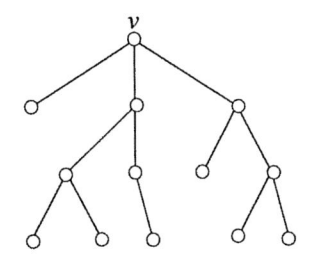

図 3.11 同形な 2 つの根付き木

なお，下記のアルゴリズムの正当性は証明しないが，後で述べる図 3.11 の根付き木による説明とか，ある程度大きな根付き木で実際にアルゴリズムを適用してみれば容易にその正当性が了解されよう．

アルゴリズム 3.4.1 (根付き木の同形判定)　根付き木 T は，次のような数列の列の組で一意的に表示できる．したがって同形判定も，この数列の列の組によってできる．T の最大レベルを k とし，$k-1$ から帰納的にレベル 0 の根 v まで処理する．

(i) すべての端末点に 0 をつける．とくにレベル k のすべての点に 0 がついている．

(ii) レベル i の点の処理が終わり，レベル i の各点には 0 以上の整数がついている仮定とする．レベル $i-1$ の端末点でない点を $\{x_1, x_2, \cdots, x_m\}$ とする．

各点 x_i に対し，x_i の子についている整数を小さい順に並べた列 $(a_1, a_2, \cdots, a_t)$，$a_1 \leq a_2 \leq \cdots \leq a_t$ $(t = t(x_i))$ を x_i に割り当てる．そしてレベル $i-1$ の端末点でない点に割り当てられた m 個の数列 $\{(a_1, a_2, \cdots, a_t)\}$ を辞書式順序に並べる．これをレベル $i-1$ の数列の列として保存する．

次に，辞書式順序に並べた数列を用いて，レベル $i-1$ の点 $\{x_1, x_2, \cdots, x_m\}$ に番号 $1, 2, 3, \cdots$ をつけて行く．まず，最初の数列と同じ数列のついたすべての点 x_i に 1 をつける．次の数列と同じ数列のついたすべての点に 2 をつける．以下同様に同じ数列のついた点は同じ番号になるように順に番号をつける．

(iii) レベル $k-1$ からレベル 0 までの数列の列をつくれば終わる．2 つの根付き木は，最大レベルが一致し，かつすべてのレベルにおける数列の列が一致

するときに限り同形である.

```
                        (012)

                   ((02),(13))

              ((001),(002),(02))

              ((0),(00),(00))
```

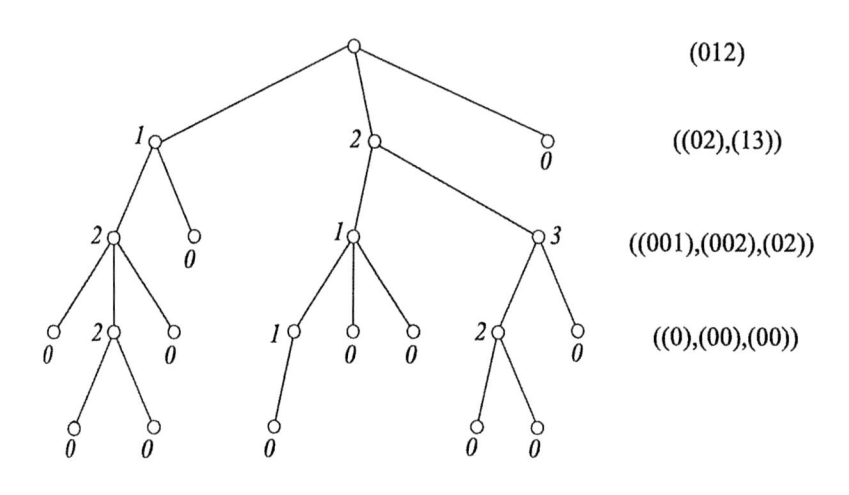

図 3.12　レベル 3,2,1,0 の数列の列

　たとえば 図 3.12 では，レベル 3 に 3 個の端末点でない点があり，左から順に数列 (00),(0),(00) がえられるが，これを辞書式順序に並べると

$$((0),(00),(00))$$

となる．そして対応する点に番号 1,2,2 をつける．レベル 2 の数列は左から順に (002),(001),(02) となり，これを辞書式順序に並べると

$$((001),(002),(02))$$

となり，対応する点に番号 1,2,3 をつける．レベル 1 の数列は左から順に (02),(13) となり，対応する点に番号 1,2 をつける．このようにしてレベル 0 からレベル 3 までの数列

$$\bigl(\ (012),\ \ ((02),(13)),\ \ ((001),(002),(02)),\ \ ((0),(00),(00))\ \bigr)$$

がえられる．そしてこれが同じであるかどうかで同形の判定ができる．

さて，与えられた2つのグラフが同形かどうかの判定は，グラフが大きいと非常にむずかしく，うまい方法は見つかっていない．これは，たとえば位数100程度の2つの10-正則グラフの同形判定をする問題を考えれば想像できる．しかし木に対しては上で述べた根付き木の同形判定法を利用することにより高速に同形判定ができる．

2つの木 T_1 と T_2 が与えられているとする．まずこれら2つの木の中心を定理3.2.1により求める．もし2つの木の中心が K_1 と K_2 と異なっていれば同形でない．よって中心はともに K_1 か K_2 であると仮定してよい．最初に中心がともに K_1 となる場合を考える．このときは T_1 と T_2 をそれぞれ中心を根とする根付き木とみなし，根付き木として T_1 と T_2 が同形かどうかで判定すればよい．また，中心がともに K_2 になるときには，T_1 と T_2 それぞれにおいて中心を結ぶ辺にそれぞれ新しい1点を加え，中心がこれらの点となる2つの木をつくり，これを根とする根付き木が同形かどうかで判定すればよい．

3.5 全域木と深さ優先探索全域木

連結なグラフ G において，木であって全域部分グラフとなっているものを全域木(spanning tree)という(図3.13)．グラフが与えられたとき，それに含まれる全域木は一般には非常にたくさんある．たとえば位数 n の完全グラフ K_n の全域木は，K_n の点に $1, 2, \cdots, n$ の番号をつければ位数 n のラベルづけされた木となり，定理3.3.1より K_n には全域木が n^{n-2} 個あることがわかる(図3.13)．

全域木を1つ求める方法はいろいろあるが，次の方法はグラフのすべての点と辺を探索する方法としても有効であり，またよい性質をもっている．この方法でえられた全域木を**深さ優先探索全域木**といい，このようなグラフの全点全辺探索の方法を**深さ優先探索**という．

なお，本節でえられる結果はすべて本質的に辺に関するものであり，部分グラフはすべて辺部分集合で表す．たとえば全域木 T と書いたとき，T は辺の集合を表す．

深さ優先探索の手法を述べる．いま点 u にいるとする．もし u に接続してい

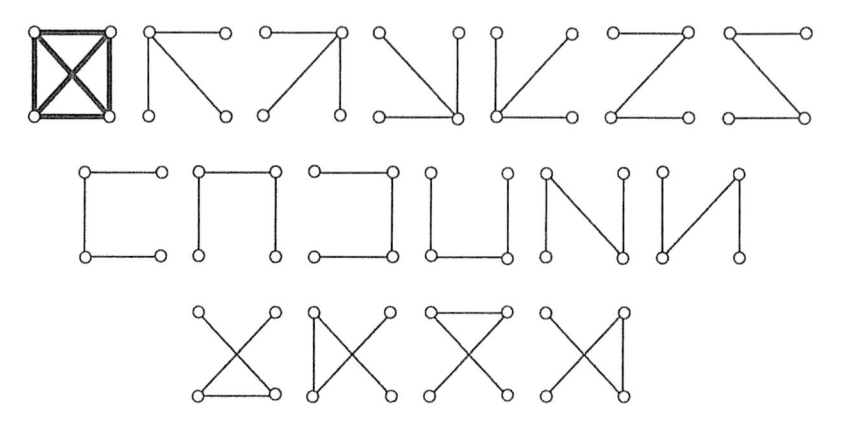

図 3.13　K_4 の全域木は $4^2 = 16$ 個ある

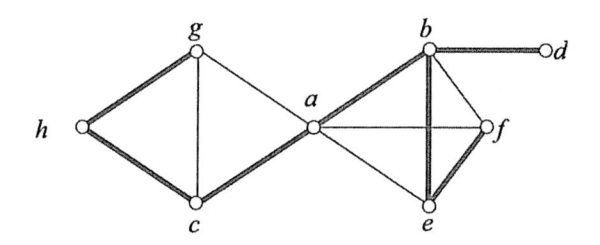

図 3.14　深さ優先探索全域木　$T = \{ab, bd, be, ef, ac, ch, hg\}$

る未探索の辺 e があれば，e のもう一方の端点へ行く．もしその端点が探索ずみなら点 u に戻る．もし u に接続している辺がすべて探索ずみなら，u へ移動する前の点，すなわち u の親へ戻り同じ操作を続ける．そして最初の出発点へ戻り，出発点と接続する辺すべて探索ずみとなれば終わる．

なお，上の操作で辺を介さず，もし u に隣接する未探索の点があれば直接その点へいき，もし u に隣接する点がすべて探索ずみなら u の親へ移動する，として行うこともできる．

たとえば図 3.14 のグラフにおいて 点 a から出発し，a, b, d と進み，b に戻って e, f と進み，e, b, a と戻り，次に c, h, g と進み，h, c, a と戻って終わる．そして b の親は a, d の親は b, e の親は b, f の親は e のようになる．またある点 u にいて，u に接続している辺がすべて探索ずみのとき戻る親は，配列 *stack*

を用いるとよい．ここで stack は上からデータを入れて上からデータを取り出す配列で，データを取り出せば2番目のデータが1番上にくる．

アルゴリズム 3.5.1. 連結グラフ G が与えられている．下記の操作でえられた各点の親を用いて辺の集合 $T = \{xy \mid y$ は x の親 $\}$ を求めれば，T は全域木になる．点 v についたラベル $label(v)$ は，0 なら未探索，1 なら探索ずみであることを表している．また，配列 stack は点 u の近傍探索が終了したとき，次に移動する点を格納している．$parent(x) = y$ は点 x の親は y であることを表している．

(i) すべての点にラベル0をつける．任意に1点 a を選び，$label(a) = 1$ とし，$u = a$ とおく．

(ii) 以下の操作を $u = a$ となり，かつ a に隣接する点のラベルがすべて1になるまで繰り返す．

もし u と隣接するラベル0の点 x があれば，x へ移動し，x の親を u にし，u を stack に入れる．つまり $parent(x) = u$, $label(x) = 1$, $u = x$ とおく．

もし u と隣接するすべての点のラベルが1なら stack の一番上にある点 y に行く．つまり stack から y を取り出し $u = y$ とおく．

深さ優先探索全域木は，局所的な判断だけでえられているという特徴がある．このためいろいろな活用法がある．迷路パズルへの応用もそのひとつである．迷路パズルは，迷路に入口から入り，出口から出る問題である．迷路の端と交差点を点とし，道を辺としてグラフとみなせば，入口の点から出口の点へ行く歩道を捜す問題になる．もし入口の点から出発してこのグラフの全域木をえる方法があれば，いつかは必ず出口の点に行け，迷路から脱出できることになる．具体的には次のようにすればよい．

まず，すべての点と辺は最初は白 (無着色) であるとする．そして通った点は赤く塗り，通った辺はすべて青く塗ることにする．また点 x から親 u へ戻るために，stack の代わりに点 u から点 x へ最初に来た時に辺 ux の x 付近に黄印をつける．なお，点 x に接続する辺で黄印のつく辺はこの1本だけである．ま

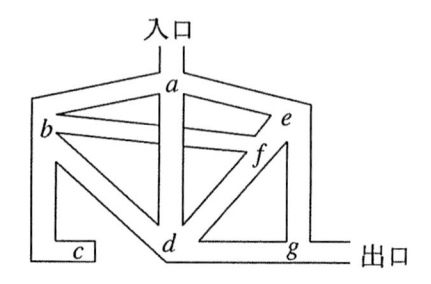

図 3.15 迷路脱出のための探索 (入口 $,a,b,c,b,f,d,b,d,a,d,g,$ 出口)

とめると次のようになる.

> 入口の点 v_1 から出発し,いま点 u にいるとする.
> もし u から出ている白い辺 e があれば,e へ進み同時に e を青く塗る.
> もし e の端点 x が白なら x を赤く塗り,辺 e の x 付近に黄印をつける.もし x が赤なら u に引き返す.
> もし u から出ている辺がすべて青なら,黄印のついた辺を通って前の点へ戻る (図 3.15).

3.6 最小重みの全域木

各辺 e に重み $w(e)$ の付加されたグラフを重みつきグラフといった.普通は辺の重みは正の実数であるが,理論的には負の重みがあってもかまわない.重みつきグラフの全域木 T の重み $w(T)$ は,T の辺の重みの総和で定義される.

$$全域木\,T\,の重み = w(T) = \sum_{e \in T} w(e)$$

そして重み最小の全域木を最小重みの全域木という.最小とは反対に最大重みの全域木も考えられるが,これは各辺 e の重みを $-w(e)$ に変えた重みつきグラフの最小重みの全域木と同じになる.よって理論的には最小重みの全域木だけを考えれば十分である.

3.6 最小重みの全域木

最小重みの全域木は，たとえばグラフで都市間の幹線道路網を表し，辺で道路，辺の重み $w(xy)$ で道路 xy 沿いに x と y を結ぶ通信線を敷設するときのコストを表せば，最小重みの全域木は敷設コスト最小の通信ネットワークになる．このほかにも類似の問題がいろいろある．

さて，グラフには一般に非常に多くの全域木があり，これらをすべて調べることはむずかしい．しかし最小重みの全域木は次に述べる欲張りアルゴリズム(greedy algorithm) とよばれる簡単なアルゴリズムで求められる．このアルゴリズムで最小重みの全域木がえられることは直観的に明らかであろう．しかし次の節で広い観点からの証明を述べる．

アルゴリズム 3.6.1 (最小重みの全域木を求める欲張りアルゴリズム) 重みつき連結グラフ G の辺を軽い順に

$$e_1, e_2, \cdots, e_m \qquad w(e_1) \leq w(e_2) \leq \cdots \leq w(e_m)$$

と並べる．そして $T = \emptyset$ とおいて，辺 e_1 から順番に $e_2, e_3, \cdots$ と調べていく．もし $T \cup \{e_i\}$ に閉路ができるなら，T をそのままにして次の e_{i+1} へ進む．もし $T \cup \{e_i\}$ に閉路ができないなら，$T = T \cup \{e_i\}$ として次の e_{i+1} へ進む．この操作を T の辺の個数が $|G| - 1$ 個になるまで続ける．

これは定理 2.1.1(p.35) を利用すると次の操作と同じである．まず $V(G) = \{v_1, v_2, \cdots, v_n\}$ とおく．以下の操作によって最後にえられた T は最小重みの全域木である．
  (i) $T = \emptyset, V(G) = \{v_1\} \cup \{v_2\} \cup \cdots \cup \{v_n\}$ とおく．
  (ii) $|T| = |G| - 1$ となるまで以下の操作を繰り返す．
$e_1, \cdots, e_{k-1}$ まで処理がすみ

$$V(G) = U_1 \cup U_2 \cup \cdots \cup U_r$$

がえられていると仮定する．$e_k = v_i v_j$ をとる．もし v_i と v_j が異なる U_p と U_q に含まれていれば，$T = T \cup \{e_k\}$ とし，$U_p \cup U_q$ と 1 つに合わせて，e_{k+1} へ進む．もし，v_i と v_j が同じ U_s に含まれていれば，何もしないで e_{k+1} へ進む．

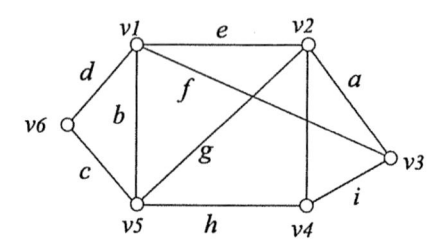

図 3.16 重みつき連結グラフと最小重みの全域木 $\{a,b,c,e,h\}$; $w(a) \leq w(b) \leq \cdots \leq w(i)$

図 3.16 において，辺を軽い順に a,b,c,d,e,f,g,h,i,j と並べる．すると順に

$$T = \{a\}, \ T = \{a,b\}, \ T = \{a,b,c\}$$

と進み，このとき

$$V(G) = \{v_1, v_5, v_6\} \cup \{v_2, v_3\} \cup \{v_4\}$$

となっている．次の辺 d は無視され，e は T に加えられ，

$$T = \{a,b,c,e\}, \quad V(G) = \{v_1, v_5, v_6, v_2, v_3\} \cup \{v_4\}$$

となる．そして g, f を飛ばして h が加わり，最小重みの全域木 $T = \{a,b,c,e,h\}$ がえられる．

3.7 全域木と回路と辺切断

ここではグラフの全域木と回路および辺切断の関係について述べる．連結な多重グラフ G において，点集合 $V(G)$ を空でない 2 つの部分集合 X と Y に分割する．つまり

$$V(G) = X \cup Y, \quad X \cap Y = \emptyset, \quad X \neq \emptyset, \quad Y \neq \emptyset$$

とする．このとき X の点と Y の点を結ぶ G の辺の全体を $E_G(X,Y)$ で表し，このようにしてえられる辺集合を**辺切断**(edge cut) という．

3.7 全域木と回路と辺切断

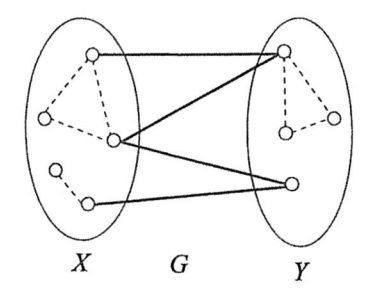

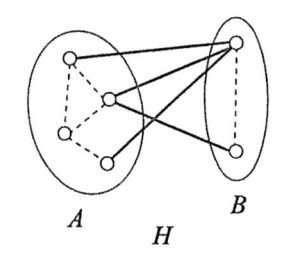

図 3.17 辺切断 $E_G(X,Y)$ と極小な辺切断 $E_H(A,B)$

$$\text{辺切断} = E_G(X,Y) = \{xy \in E(G) \mid x \in X,\ y \in Y\}$$

辺切断という言葉は，G から $E_G(X,Y)$ の辺を除去するとグラフが非連結になることからきている．もし $\langle X \rangle_G$ と $\langle Y \rangle_G$ がともに連結なら，$E_G(X,Y)$ は極小な辺切断である (図 3.17)．実際，もし $\langle X \rangle_G$ と $\langle Y \rangle_G$ が連結なら $E_G(X,Y)$ の任意の辺 e に対して，G から $E_G(X,Y)-e$ の辺を除去したグラフは $(\langle X \rangle_G \cup \langle Y \rangle_G)+e$ で，これは連結になってしまう．

全域木 T の補集合を $\overline{T}$ で表し，これを**補全域木**という．

$$T \text{ の補全域木} = \overline{T} = E(G) - T$$

全域木は回路を含まない極大な部分グラフだから (演習問題)，全域木 T とこれに含まれない任意の辺 e に対して，$T+e$ には e を含むただ 1 つの回路

$$C(T+e)$$

がある．このような回路を e に関する T の**基本回路**という．

同様に補全域木 $\overline{T}$ は辺切断を含まない極大な部分グラフだから (演習問題)，$\overline{T}$ に含まれない任意の辺 f に対して，$\overline{T}+f$ には f を含むただ 1 つの辺切断

$$S(\overline{T}+f)$$

がある．これを f に関する $\overline{T}$ の**基本辺切断**という (図 3.18)．この基本辺切断は，$f \in T$ であり，$T-f$ は 2 つの成分 U_1, U_2 に分かれるが，これらの成分

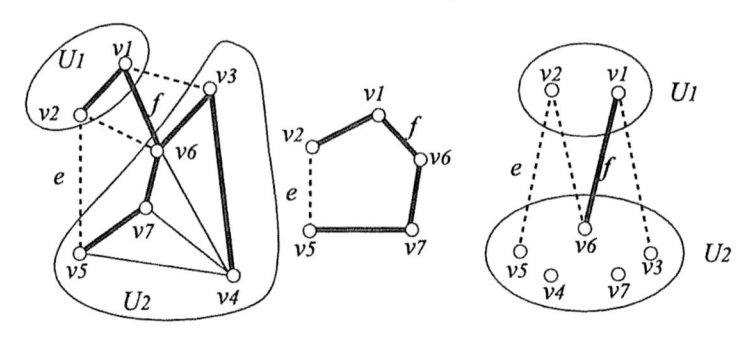

図 3.18 全域木 T, 基本回路 $C(T+e)$, 基本辺切断 $S(\overline{T}+f)$

を結ぶ辺の集合と一致する．つまり

$$S(\overline{T}+f) = \{v_1 v_2 \in E(G) \mid v_1 \in V(U_1),\ v_2 \in V(U_2)\}$$

さて，図 3.19 において，全域木 $T=\{a,c,d,f,g,h\}$ と回路 $D=\{a,b,e,f,i\}$ を考える．すると D は，$D\setminus T=\{b,e,i\}$ の辺に関する基本回路の対称差 (係数が $\mathrm{mod}(2)$ での和と同じ) としてかける．

$$\begin{aligned}
& C(T+b) \triangle C(T+e) \triangle C(T+i) \\
&= (b+d+c+a) \triangle (e+d+h+f) \triangle (i+c+h) \\
&= a+b+e+f+i \\
&= D
\end{aligned}$$

同様に，補全域木 $\overline{T}=\{b,e,i,j\}$ において，辺切断 $R=\{b,c,h,f\}$ は $R\setminus\overline{T}=R\cap T=\{c,h,f\}$ の辺に関する基本辺切断の対称差として，下記のようにかける．

$$\begin{aligned}
& S(\overline{T}+c) \triangle S(\overline{T}+h) \triangle S(\overline{T}+f) \\
&= (c+b+i+j) \triangle (h+e+i+j) \triangle (f+e) \\
&= b+c+h+f \\
&= R
\end{aligned}$$

この一見不思議なことがすべての回路，辺切断，全域木に対して成り立つ．

3.7 全域木と回路と辺切断

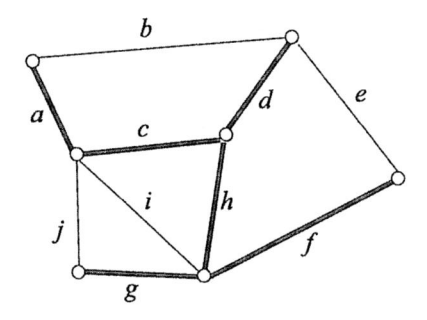

図 3.19 全域木 $T = \{a, c, d, f, g, h\}$ と基本回路と基本辺切断による表示

さて，最後に最小重みの全域木に関する定理を証明しよう．次の補題は図 3.20(1) から明らかであろう．

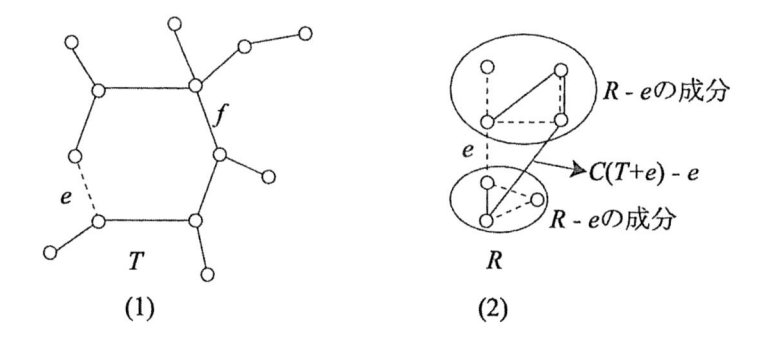

図 3.20 全域木 T と 2 辺 $f \in T$ と $e \notin T$

補題 3.7.1. 連結な多重グラフ G とその全域木 T および 2 つの辺 $f \in T$ と $e \notin T$ を考える．すると次の 3 つの条件は同値である．
 (i) $T + e - f$ は G の全域木である．
 (ii) $f \in C(T + e)$
 (iii) $e \in S(\overline{T} + f)$

連結な多重グラフの 2 つの全域木 T，R と辺 $e \in R \setminus T$ に対して，

$$(C(T + e) \cap S(\overline{R} + e)) - e \neq \emptyset \tag{3.3}$$

となる.これは $C(T+e)-e$ が e の両端点を結ぶ道だから,$C(T+e)-e$ の ある辺が $R-e$ の 2 つの成分を結んでいることからわかる (図 3.20(2)).

定理 3.7.2. 重みつき連結多重グラフ G の全域木を T とする.すると次の (i), (ii), (iii) は同値である.
 (i) T は G の最小重みの全域木である.
 (ii) 任意の辺 $f \in E(G)-T$ と任意の辺 $e \in C(T+f)$ に対して $w(e) \leq w(f)$ である.
 (iii) 任意の辺 $e \in T$ と任意の辺 $f \in S(\overline{T}+e)$ に対して $w(e) \leq w(f)$ である.

証明 (i) 補題 3.7.1 より (ii) $\Leftrightarrow$ (iii) が成り立つ.また (i) $\Rightarrow$ (ii) は $T-e+f$ が全域木になり,

$$w(T-e+f) = w(T) - w(e) + w(f) \geq w(T)$$

となることから容易にわかる.よって (ii) $\Rightarrow$ (i) が成り立つことを示せば十分である.

T は条件 (ii) を満たす G の全域木,R は G の最小重みの全域木で $|T \cap R|$ が最大になるように選んだものとする.もし $R=T$ なら (i) は成り立つから $R \neq T$ と仮定してよい.すると辺 $f \in R \setminus T$ があり,式 (3.3) より

$$e \in (C(T+f) \cap S(\overline{R}+f)) - f$$

となる辺 e がとれる.このとき $R_1 = R-f+e$ は全域木で,$w(R) \leq w(R_1)$ より $w(f) \geq w(e)$.一方 (ii) より $w(e) \leq w(f)$ だから $w(e) = w(f)$ となり,R_1 も G の最小重みの全域木となる.しかし $|T \cap R_1| = |T \cap R| + 1$ だからこれは R の選び方に反する.ゆえに T は最小重みの全域木である. □

上の定理 3.7.2 を用いれば,前の節で述べた最小重みの全域のアルゴリズム 3.6.1(p.75) の正当性が示される.実際,アルゴリズム 3.6.1 で求められた全域木を T とすると,T に含まれない任意の辺 e_i に対して,回路 $C(T+e_i)-e_i$

に含まれる辺は $e_1, e_2, \cdots, e_{i-1}$ の辺であり，これらは e_i と同じ重さかまたは軽く，定理 3.7.2 の (ii) が満たされているからである．

3.8 演習問題

問題 3.1 各点の次数が 1 か 3 の木を 3 つ以上えがけ．位数 n のこのような木に含まれる次数 3 の点の個数を n を用いて表せ．

(ヒント) 握手定理 (p.13) と定理 3.1.1(p.59) を利用せよ．

問題 3.2 水素と炭素からなる炭化水素化合物のメタン列は，各点の次数が 1(水素) または 4(炭素) の木に対応している．このような木を 4 つ以上えがけ．次に，位数 n のこのような木の次数 1 と次数 4 の点の個数を求めよ．

問題 3.3 各点の次数が 1 か 3 か 4 の木 T がある．T の位数を n とし，次数 3 の点の個数を k とするとき，次数 1 の点の個数と次数 4 の点の個数を n と k を用いて表せ．

問題 3.4 正の整数の列 $d_1, d_2, \cdots, d_n$ に対し，これを次数列とする位数 n の木が存在するための必要十分条件は

$$d_1 + d_2 + \cdots + d_n = 2(n-1) \tag{3.4}$$

となることである．これを証明せよ．

(ヒント) 十分性は n に関する帰納法で証明せよ．$n \geq 3$ と仮定してよい．条件 (3.4) より $d_1 \geq 2$, $d_n = 1$ となることがわかる．このとき数列 $d_1 - 1, d_2, \cdots, d_{n-1}$ は等式 $(d_1 - 1) + d_2 + \cdots + d_{n-1} = 2((n-1) - 1)$ をみたすので，帰納法の仮定よりこれを次数列とする位数 $n-1$ の木 T_1 が存在する．

問題 3.5 次数列 (4,3,2,2,2,1,1,1,1,1) の木をえがけ．

問題 3.6 同形を除くと，位数 3 の木は 1 個，位数 4 の木は 2 個，位数 5 の木は 3 個，位数 6 の木は 6 個，位数 7 の木は 11 個ある．これらをえがけ．ちなみに位数 8 の木は 23 個，位数 9 の木は 47 個，位数 10 の木は 106 個ある．

問題 3.7 図 3.21 の木 T_1 の中心と重心と半径と直径を求めよ．

問題 3.8 木 T_1 のすべての最長道を求めよ．

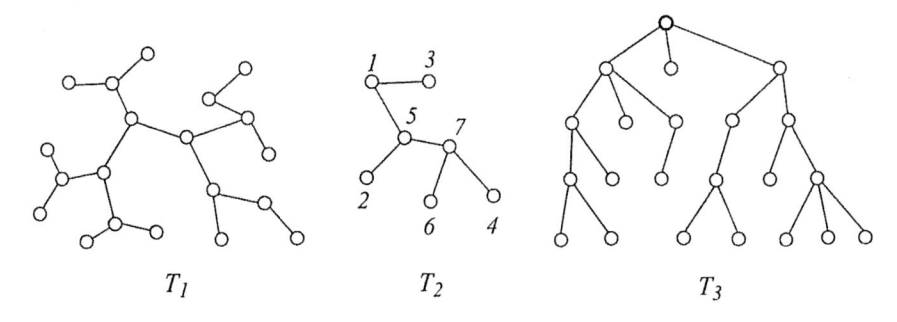

図 3.21　木 T_1, T_2；根付き木 T_3

(ヒント) 定理 3.2.3(p.64) を利用せよ.

問題 **3.9**　図 3.21 の木 T_2 を定理 3.3.1(p.65) の証明の方法を用いて数列で表せ.

問題 **3.10**　図 3.21 の根付き木 T_3 をアルゴリズム 3.4.1 (p.69) の方法で数列の列の組で表せ.

問題 **3.11**　図 3.22 のグラフ G の深さ優先探索全域木を求めよ.

問題 **3.12**　図 3.22 のグラフ G の全域木 $T = \{a, b, c, d, e\}$ と回路 $D = \{a, b, c, j, e, f\}$ と辺切断 $S = \{g, a, h, e\}$ を考える. D を T の基本回路の差集合で表せ. また S を補全域木 $\overline{T}$ の基本辺切断の差集合で表せ.

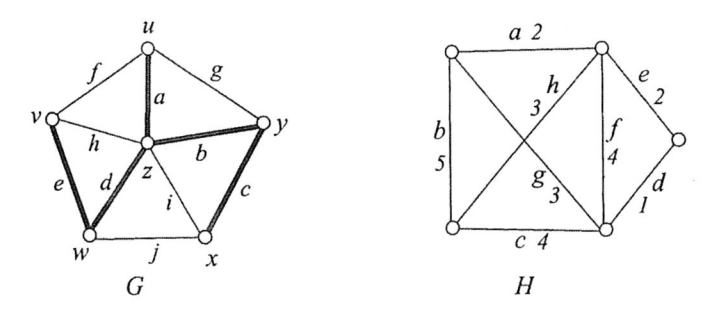

図 3.22　連結グラフ G；重みつきグラフ H

て求めよ (証明は不要).

(i) アルゴリズム 3.6.1(p.75) を用いよ．

(ii) かってに閉路 D をとり，このなかの最大重みの辺を除去せよ．閉路がなくなれば残ったグラフは最小重みの全域木である．

(iii) 辺切断 S をとり，このなかの最小重みの辺でグラフを縮約せよ．ループが生じたらこれを除去し，多重辺は残す．グラフが 1 点になるまで続けると縮約した辺の集合は最小重みの全域木である．

問題 3.14 連結グラフ G の回路を含まない極大な辺集合は全域木になることを説明せよ．また，G の辺切断を含まない極大な辺部分集合は補全域木になることを説明せよ．

4

平面グラフ

4.1 オイラーの公式

　平面上に適当に点を配置して，すべての辺が端点以外では交差しないようにえがくことのできるグラフを**平面的グラフ**(planar graph), 実際に平面上に辺が交差しないようにえがいたグラフを**平面グラフ**(plane graph) という (図 4.1). 平面グラフの例としては，基盤上に配線を焼きつけてつくったプリント基板とか LSI チップなどがある．ここでは配線の交差は回路のショートを招き，どの配線も交差してはいけない．つまり回路は平面グラフになっていなければならない．なお，平面グラフにおいて，辺は曲線でえがけばよいが，うまく点を配置するとすべての辺を直線分でえがけることがわかっている (図 4.1 の右).

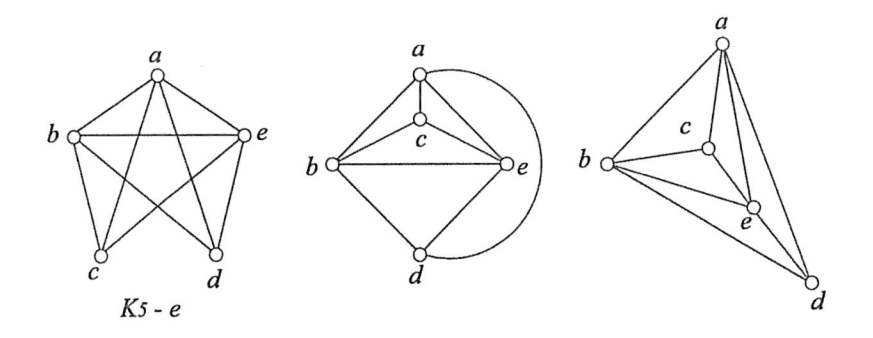

図 4.1　平面的グラフ $K_5 - e$ と 2 つの平面グラフ描画

定理 4.1.1 (Wagner, Faŕy)　平面的グラフは平面上に適当に点を配置することにより，すべての辺が直線分になるようにえがくことができる．

平面グラフにおいては，点と辺のほかに領域が定義できる．**領域**(region) とは辺で囲まれた連結な部分で，平面は平面グラフによりいくつかの領域に分割される．外側にあるグラフを囲む領域を**外領域**といい，これも領域である．領域 R を囲む辺の個数が k のとき，領域 R の**次数**は k であるとか，R は k-角形であるという．ただし，領域 R 内に入っている辺は，その辺の両側が R と接しており，囲む辺として 2 回数える (図 4.2 の辺 e)．図 4.2 の平面グラフには 6 つの領域があり，外領域の次数は 8，そのほかの領域の次数は 3,3,4,4,6 である．

平面グラフの位数，サイズ，領域の個数の間には，次の定理で述べるような不思議な関係式が成り立つ．この式は不思議なだけでなく，平面グラフに関する多くの大域的な性質を導いてくれる強力な式でもある．本章で証明を含めて述べるほとんどの定理はこの式の系といってよい．また，これはグラフに関して歴史上最初に発見された定理でもある．

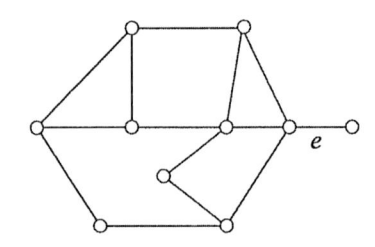

図 4.2　平面グラフの領域と外領域（辺 e は外領域の次数を 2 あげる）

定理 4.1.2 (オイラーの公式 (Euler))　連結な平面グラフ G において，G の位数を p，サイズを q，領域の個数を r とおくと

$$p - q + r = 2 \tag{4.1}$$

が成り立つ．

4.1 オイラーの公式

証明 連結な平面グラフ G のサイズ $q = ||G||$ に関する帰納法を用いて証明する．位数 $|G|$ が一定のとき，$||G||$ が最小になるのは G が木であるときである．もし G が木であれば定理 3.1.1(p.59) より $q = p - 1$ である．また明らかに $r = 1$ である (図 4.3)．よって

$$p - q + r = p - (p - 1) + 1 = 2$$

となり式 (4.1) は成り立つ．

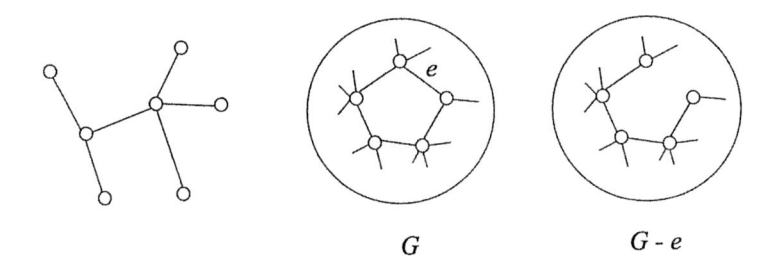

図 4.3 木と閉路のある平面グラフ G と $G - e$

次に G が木でない場合を考える．このときには G に閉路がある．閉路上の辺 e をとる (図 4.3)．すると $G - e$ は連結な平面グラフで，$G - e$ の位数，サイズ，領域の個数をそれぞれ p', q', r' とおけば，帰納法の仮定より次の式が成り立つ．

$$p' - q' + r' = 2$$

ここで明らかに $p' = p$, $q' = q - 1$ である．また e が閉路上にあることから e の両側の領域は G では異なり，これは $G - e$ では同じ 1 つの領域になるから，$r' = r - 1$ である．これらを上の関係式に代入して

$$p - (q - 1) + (r - 1) = 2, \qquad p - q + r = 2$$

となるから式 (4.1) は証明された． □

平面グラフ G において，各領域内に 1 個ずつ点をおき，これを点集合とするグラフを次のように定義する．

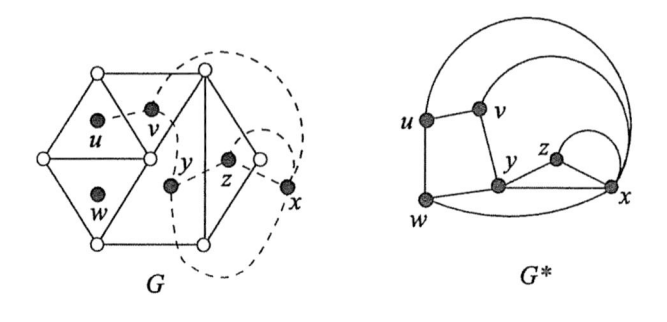

図 4.4 平面グラフ G と双対グラフ G^*

2つの点は対応する領域が辺を共有するときに限り辺で結ぶ

このようにしてえられたグラフを G の双対グラフ(dual graph)といい，G^* で表す．G は多重辺もループもないグラフだけを考えているが，G^* には多重辺もループも存在することがある．図 4.4 からわかるように G^* も平面的グラフで，G^* の点 v の次数は，v に対応する G の領域の次数と等しい．また，G の各辺に対して，これと交差する G^* の辺がちょうど1本ある．よって G の辺と G^* の辺は1対1に対応し，G のサイズと G^* のサイズは等しい．

これより G^* における握手定理 1.3.1(p.13) を，G の言葉でいい換えれば次の定理になる．なおこの定理は，平面グラフ G の領域の次数を数えるとき各領域の辺に印をつければ，すべての領域の次数を数え終わったときには，各辺には辺の両側の領域から1個ずつ計2個の印がつけられていることからもわかる．

定理 4.1.3. 連結な平面グラフ G においてサイズを q とおくと

$$G \text{ の領域の次数の和} = 2q \tag{4.2}$$

たとえば図 4.4 の平面グラフにおいて

$$G \text{ の領域の次数の和} = 3+3+3+4+3+6$$
$$= G^* \text{ の点の次数和} = 2\|G\| = 2\|G^*\| = 2 \times 11$$

外領域も含めてすべての領域が3角形となる平面グラフを**極大平面グラフ**(maximal planar graph) という (図 4.5). 実際, 極大平面グラフにおいては, 平面性を保ったまま新たに辺を追加することはできず (多重辺は許されない), 辺集合に関して極大になっている. 一方, 4角形以上の領域がある平面グラフ G においては, いくつかの新しい辺を加えてすべての領域を3角形にすることができる.

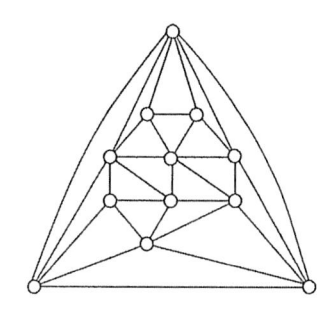

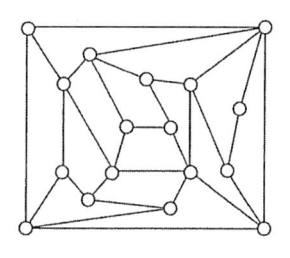

図 4.5 極大平面グラフとすべての領域が 4 角形の平面グラフ

定理 4.1.4. 位数3以上の連結な平面グラフ G において, G の位数を p, サイズを q とおくと

$$q \leq 3p - 6 \tag{4.3}$$

が成り立つ. 等号は G が極大平面グラフときに限り成り立つ. また, もしすべての領域が4角形以上の多角形であれば

$$q \leq 2p - 4 \tag{4.4}$$

が成り立つ. 等号はすべての領域が4角形のときに限り成り立つ.

証明 領域の個数を r とおく. 公式 (4.2)(p.88) と各領域の次数が3以上であることから

$$3r \leq 領域の次数の和 = 2q$$

これより $r \leq (2q)/3$. これをオイラーの公式 (4.1) (p.86) に代入すると

$$p - q + \frac{2q}{3} \geq 2, \quad 3p - 3q + 2q \geq 6$$

ゆえに式 (4.3) が成り立つ．

等号が成り立つのは $3r = $ (領域の次数の和) が成り立つときである．つまりすべての領域が 3 角形で，G が極大平面グラフになるときである．式 (4.4) も同様にして証明される (演習問題)． □

平面グラフのサイズには式 (4.3) のような制約があったが，点の最小次数についても制約がある．つまり次の定理で述べるように最小次数は常に 5 以下となる．

定理 4.1.5. 連結な平面グラフには次数 5 以下の点が存在する．

証明 連結な平面グラフ G のすべての点の次数が 6 以上と仮定する．G の位数を p，サイズを q とすると，握手定理 1.3.1(p.13) より

$$6p \leq \sum_{x \in V} \deg_G(x) = 2q$$

よって $3p \leq q$ である．しかしこれは式 (4.3) の $q \leq 3p - 6$ に矛盾する．したがって次数 5 以下の点が存在する． □

より強く次のようなこともいえる (演習問題)．

定理 4.1.6. 最小次数が 3 以上の連結な平面グラフにおいて，次数 k の点の個数を n_k で表すと

$$3n_3 + 2n_4 + n_5 \geq 12 \tag{4.5}$$

が成り立つ．とくに，次数 5 以下の点が 4 個以上存在する．

サイズの小さい一般のグラフにおいては，ハミルトン閉路の存在判定について実用的に使えるような結果はえられていなかったが，平面グラフにおいては次のような良い結果がえられている．

定理 4.1.7 (Tutte)　4-連結な平面グラフにはハミルトン閉路が存在する (図 4.6).

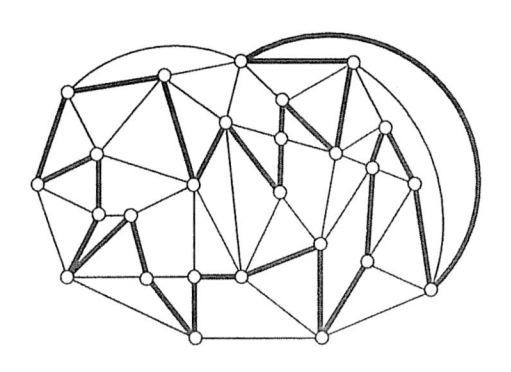

図 4.6　4-連結な平面グラフとそのハミルトン閉路

4.2　平面的グラフの判定

与えられたグラフが平面的グラフかどうかの判定方法，およびもしそれが平面的グラフなら，実際にそれを平面グラフとして描画することは応用上も重要な問題である．これはいくつかの方法で解決されている．その1つの概略を述べよう．

定理 4.2.1.　完全グラフ K_5 と完全2部グラフ $K_{3,3}$ は平面的グラフではない．

証明　$K_{3,3}$ が平面的グラフでないことを証明する．$K_{3,3}$ が平面的グラフであると仮定する．すると $K_{3,3}$ は平面グラフとしてえがかれる．$K_{3,3}$ には3角形がないから，この平面グラフのすべての領域は4角形以上である．$K_{3,3}$ の位数は6で，サイズは9であることに注意して不等式 (4.4) (p.89) を用いると

$$9 = q \leq 2p - 4 = 2 \times 6 - 4 = 8$$

これは矛盾である．ゆえに $K_{3,3}$ は平面的グラフでない．K_5 の非平面性は演習問題とする．　□

グラフ G からいくつかの辺を選び，これらの辺にいくつかの新しい点を挿入してえられるグラフを G の細分という (図 4.7)．つまり選ばれた辺を，辺ごとに適当な長さの道で置き換えたグラフが細分である．細分の定義より，もしグラフ G が平面的グラフならその細分も平面的グラフであり，もし G が平面的グラフでないならその細分も平面的グラフでない．そして次の定理が成り立つ．

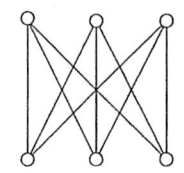

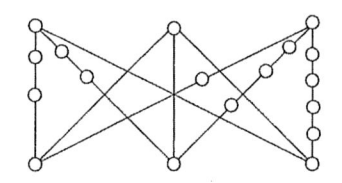

図 4.7　$K_{3,3}$ とその細分

定理 4.2.2 (クラトフスキーの定理 (Kuratowski))　グラフ G が平面的グラフであるための必要十分条件は，G に K_5 の細分も $K_{3,3}$ の細分も含まれないことである．つまりこれらの細分と同形な部分グラフが G に含まれないことである．

たとえば図 4.8 のペテルセングラフは平面的グラフではなく，実際，図 4.8 のように $K_{3,3}$ の細分が部分グラフとして含まれている．一見 K_5 の細分があるように思われるが，K_5 の細分は含まれていない．一般に，平面的グラフに近い非平面的グラフにおいては，多くの場合 $K_{3,3}$ の細分が含まれており，K_5 の細分が含まれることは少ない．

コンピュータでグラフの平面性の判定をするとき，クラトフスキーの定理をそのまま使って行うことは部分グラフが非常にたくさんありむずかしい．そのために別の手法を用いる必要がある．

以下例を用いて 1 つの方法を説明する．まず与えられたグラフ G は 2-連結であると仮定してよい．実際，もし 2-連結でないならグラフはいくつかのブロッ

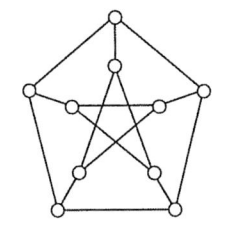

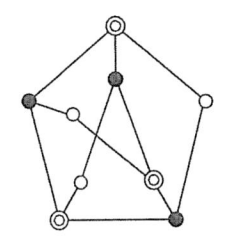

図 4.8 ペテルセングラフとそれに含まれる $K_{3,3}$ の細分

クに分解されるが,各ブロックが平面的かどうかを判定すればよく,各ブロックは 2-連結だから 2-連結グラフの場合に帰着されるからである.

また定理 4.1.4 より $\|G\| \leq 3|G| - 6$ であると仮定してよく,辺はそれほど多くない.

まず与えられたグラフ G から閉路 C をとる.たとえば図 4.9 のように閉路 C をとったとする.すると C に含まれない辺は,図 4.9 のように C 上の点を結ぶいくつかのピース $P_1, P_2, \cdots, P_m$ に分けられる.正確には各ピース P_i は C の 2 点を結ぶ辺か,または P_i の 2 辺は C 上の点を通らない道で結ばれている.つまりピース P_i は,もし G が平面グラフとして平面上にえがかれれば,P_i の全体が C の内側にえがかれるか,または C の外側にえがかれる.

特別な場合として,閉路 C に含まれないすべての辺が 1 つのピース P に含まれることもある.このときには,C 上の 2 点を結ぶ P の道をとり,これを用いて閉路を取り替えることによりピースを 2 個以上にすることができる.

さて,2 つのピース P_i と P_j が交わっていれば,これら 2 つのピースは C の内側と外側に分けてえがく必要がある.そのためピース $\{P_1, P_2, \cdots, P_m\}$ を点集合とするグラフ $Piece(G)$ を次のように定義する.

> 2 つのピース P_i と P_j をともに C の内側にえがけば,P_i と P_j が
> 交差するとき 2 点 P_i と P_j を辺で結ぶ (図 4.9).

もし $Piece(G)$ が 2 部グラフになれば,1 つの部集合のピースを C の内側にえがき,もう 1 つの部集合のピースを C の外側にえがくことになる.そしてもし $Piece(G)$ が 2 部グラフでないなら,G は平面的グラフではない (図 4.10).

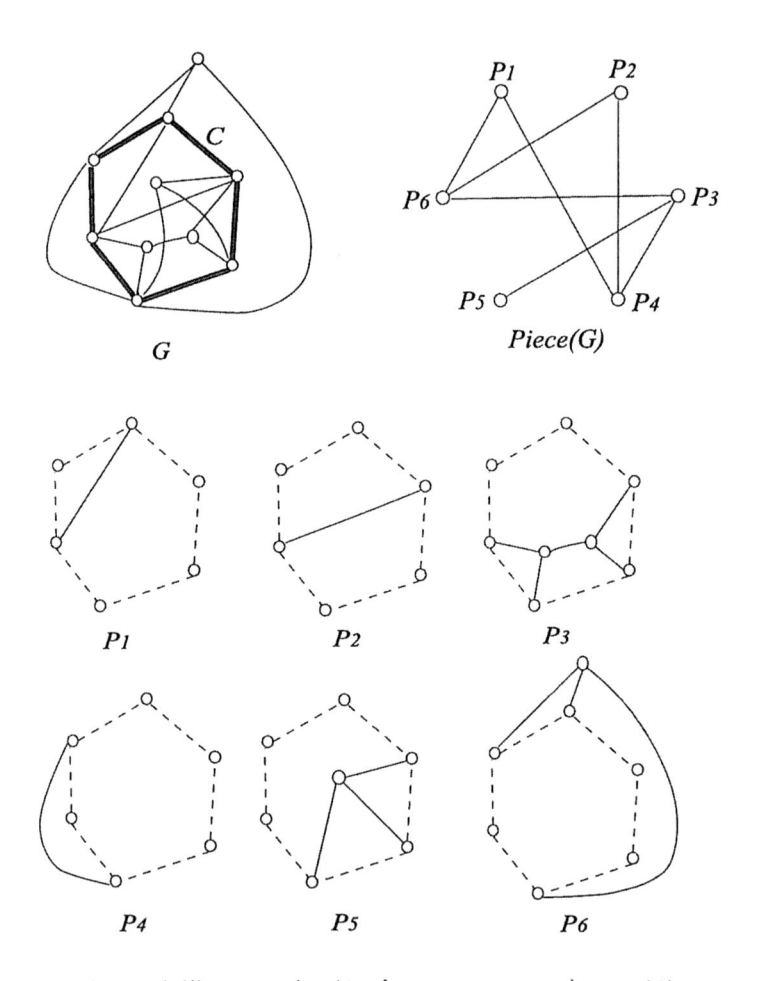

図 4.9 平面的グラフ G と 6 個のピース $P_1, P_2, \cdots, P_6$ と $Piece(G)$

4.2 平面的グラフの判定

もし $Piece(G)$ が 2 部グラフになれば，元のグラフ G の平面性判定は閉路 C に各ピース P_i を加えた $C + P_i$ の平面性判定に帰着される．よって上で述べた操作を $C + P_i$ に対して行えばよい．このようにしてすべての P_i に対して $C + P_i$ が平面的グラフであることが判定できれば，元のグラフ G も平面的である．

また，グラフが平面的であることがわかれば，実際にこれを平面グラフとして描画することも，上で述べた判定法の処理内容を利用して比較的容易にできるが，ここでは省略する．

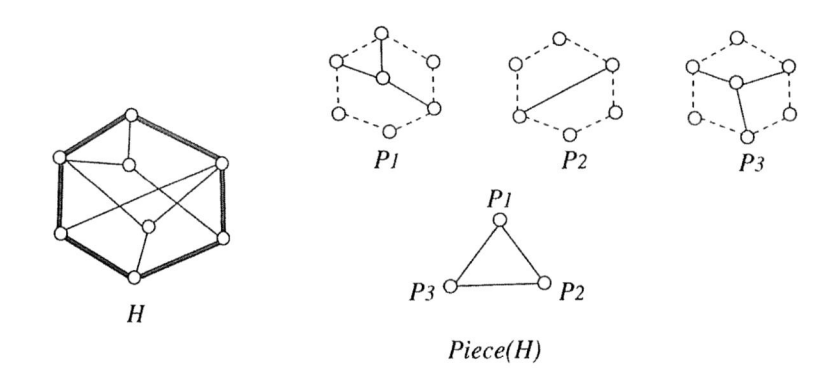

図 4.10 非平面的グラフ H と $Piece(H)$

4.3 演 習 問 題

問題 4.1 図 4.11 の平面グラフ G について，オイラーの公式 (4.1)(p.86)，等式 (4.2)(p.88)，不等式 (4.3)(p.89) が成り立つことを確かめよ．次に，双対グラフ G^* をえがけ．

問題 4.2 平面的グラフは，実は平面上にどのように点をとっても，辺をうまくえがくことにより平面グラフとして描画できる．図 4.1(p.85) の平面的グラフ $K_5 - e$ を点の位置をそのままにして，辺だけをうまく描画して平面グラフとしてえがけ．もちろん多くの辺を曲線で表す必要があるし，たとえば辺 ed なども曲線でえがく必要があるかもしれない．

問題 4.3 平面グラフにおいては，任意の領域を外領域になるようにえがくことができる．これは次のように考えればよい．平面上に球面をおき，平面グラフを球面上に写す (北極点を中心とする射影で写す)．すると外領域は北極点を含む領域に写る．次に球を回転させて，指定された領域が回転後の新しい北極点を含むようにする．そして球面上のグラフを平面上に写せば，指定された領域が外領域となる平面グラフがえられる．たとえば図 4.11 の平面グラフ G において，領域 D が外領域になるように G を平面グラフとしてえがけ．

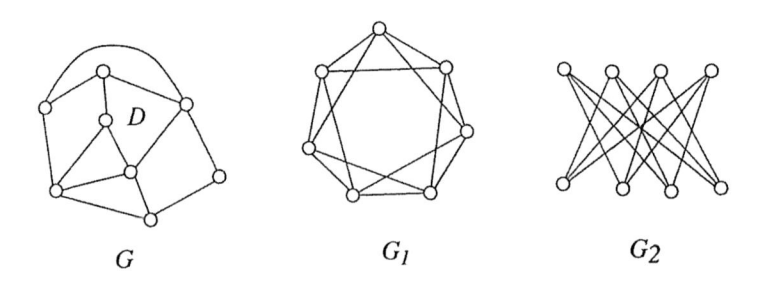

図 4.11 平面グラフ G; グラフ G_1 と G_2

問題 4.4 位数 10 以上の極大平面グラフと，すべての領域が 4 角形である平面グラフをそれぞれ 2 つ以上えがけ．次に位数 n の極大平面グラフの領域の個

数を n の式で表せ．また，すべての領域が 4 角形である位数 n の平面グラフの領域の個数を n の式で表せ．

問題 4.5 (1) 完全グラフ K_5 は平面的グラフでないことを示せ．
(2) 定理 4.1.4 の不等式 (4.4) が成り立つことを示せ．
(ヒント) (1) 定理 4.2.1(p.91) の証明をみよ．

問題 4.6 定理 4.1.6(p.90) を証明せよ．
(ヒント) 定理 4.1.4(p.89) を利用せよ．G の位数を p，サイズを q とする．すると $p = n_3 + n_4 + \cdots + n_\Delta$，$\sum_{x \in V} \deg_G(x) = 3n_3 + 4n_4 + \cdots + \Delta n_\Delta = 2q$ となる．

問題 4.7 図 4.11 のグラフ G_1 と G_2 は平面的グラフか判定せよ．もし平面的グラフなら平面グラフとしてえがき，平面的グラフでないなら K_5 または $K_{3,3}$ の細分を求めよ．

問題 4.8 図 4.12 のグラフが平面的かどうか閉路 C とそのピースグラフを求めて判定せよ．

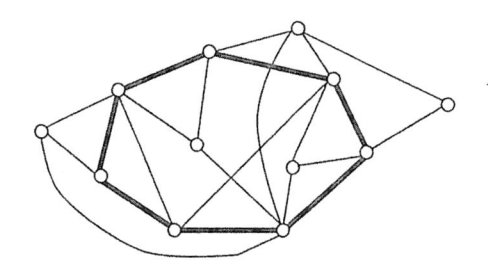

図 4.12 グラフ G

問題 4.9 正多面体は正 4 面体，正 6 面体，正 8 面体，正 12 面体，正 20 面体の 5 つだけ存在することを，次のように考えて証明せよ (図 4.13)．いま正 n 面体があるとする．すると問題 4.3 のようにして平面グラフがえられる．この平面グラフでは，すべての点の次数が定数 k であり，領域の次数も定数 m である．以下位数を p，サイズを q，領域の個数を r とおきオイラーの公式 (4.1) と (4.2) と定理 4.1.5 を用いて下記の表になることを示せ．たとえば m と k と r

の関係式を求め，$k = 3, 4, 5$ のそれぞれの場合に正の整数 m と r を求めよ．実際には下記の表から正多面体を構成する必要があるが，この部分は省略する．

正多面体	点の個数	領域の個数	点の次数	領域の次数
正 4 面体	4	4	3	3
正 6 面体	8	6	3	4
正 8 面体	6	8	4	3
正 12 面体	20	12	3	5
正 20 面体	12	20	5	3

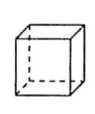

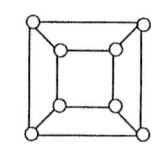

正6面体とその平面グラフ

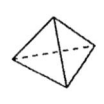

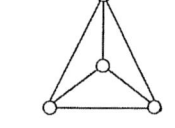

正4面体とその平面グラフ

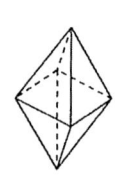

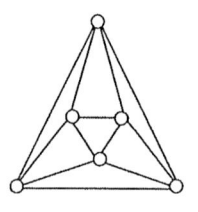

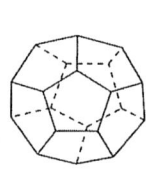

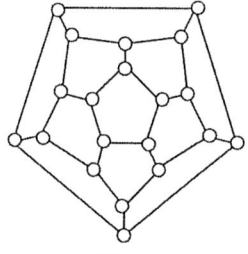

正8面体とその平面グラフ

正12面体とその平面グラフ
（正12面体の各面の中心に頂点をおき、
隣り合う頂点を辺で結ぶと正20面体になる）

図 4.13　正多面体とその平面グラフ

5

グラフの彩色

5.1 グラフの彩色

グラフのすべての点を，隣接する2点は異なる色になるように着色することをグラフの彩色(vertex coloring) という (図 5.1).

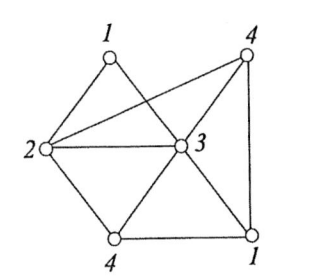

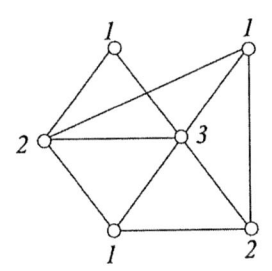

図 5.1 グラフの2つの彩色 (番号は色を表す)

グラフの彩色はいろいろな場面で現れる．そのような例をまず述べよう．たとえば図 5.2(1) のグラフは，ある学校における試験の時間割を作成するときの科目間の制約条件を表したものである．つまり各点は科目を表しており，2つの点が辺で結ばれるのは，この2つの科目は同じ時間には試験できないことを表している．

このグラフを図 5.2(2) のように番号 1,2,3 で彩色する．すると番号1の科目 $\{a,d,f\}$ の試験を初日の午前中にし，番号2の科目 $\{b,c\}$ の試験を初日の午後にし，番号3の科目 $\{e,g\}$ の試験を2日目の午前中にするように試験時間割を

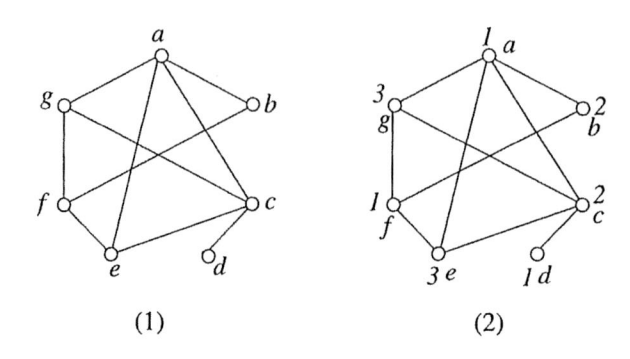

図 5.2 試験の時間割グラフとその彩色（番号は色を表す）

組めばよい．

次に，図 5.3 のような交差点における車線別の交通信号の制御の問題について考えよう．この図において，矢印は各車線における車の進行可能な方向を表しており，2 つの車線が交わるときには車が衝突する危険性がある．衝突しないように交通信号を切り替えるにはどのようにすればよいか．ただし，各車線ごとに赤・青の信号が表示できるものとする．

まず車線を点で表し，2 つ車線が交わるときに対応する 2 点を結んでグラフをつくる．すると図 5.3 のグラフがえられる．このグラフを図 5.3 のように彩色する．これから番号 1 の車線 $\{a, e, h\}$ を同時に青にし，ほかの車線は赤にする．次に番号 2 の車線 $\{c, d, g\}$ を青にし，ほかの車線は赤にする．そして番号 3 の車線 $\{b, f\}$ を青にし，ほかの車線を赤にする．この様に車線別に交通信号を制御すると，衝突する危険がないように車が流せる．このほかさまざまな問題がグラフの彩色問題に帰着される．

グラフ G を彩色し，色 i で着色された点の集合を X_i とする．すると X_i の 2 点を結ぶ G の辺はなく，このような X_i は独立な点の集合とよばれる．したがって G を k 色で彩色することは

$$V(G) = X_1 \cup X_2 \cup \cdots \cup X_k \quad \text{各 } X_i \text{ は独立な点の集合}$$

と分割することである．

この状況を補グラフ $\overline{G}$ で考えると，$\langle X_i \rangle_{\overline{G}}$ は完全グラフとなっており，$\overline{G}$ に

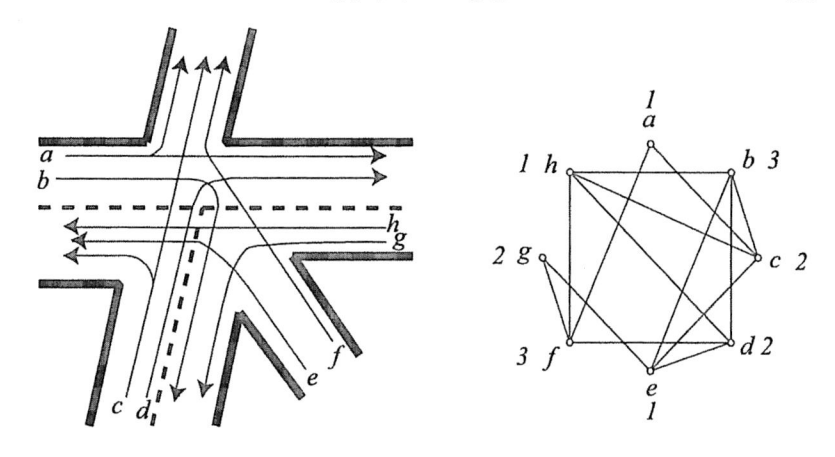

図 5.3 交差点における車線別信号制御とそのグラフの彩色

おいては

$$V(\overline{G}) = X_1 \cup X_2 \cup \cdots \cup X_k \quad 各 \langle X_i \rangle_{\overline{G}} は完全グラフ$$

と分割することである．ゆえにグラフの彩色問題と，グラフを完全グラフに分割する問題は本質的に同じむずかしさの問題である．

さて，グラフ G を彩色するのに必要な色の最小個数を G の染色数(chromatic number) といい $\chi(G)$ で表す．また k-色で彩色できるとき，つまり $\chi(G) \leq k$ となるとき，G は k-彩色可能(k-colorable) であるという．たとえば図 5.1(p.99) のグラフの染色数は 3 であり，図 5.1 の左の彩色はこのグラフが 4-彩色可能であることを示している．しかし一般にグラフの染色数を求めることは非常にむずかしく，効率的な方法はないと考えられている．

次に述べる簡単なアルゴリズムは多くの場合比較的よい彩色，つまり染色数に比較的近い色数による彩色を与えることが経験的にわかっている．なお上限の評価もあるが，一般にはその評価より少ない色数での彩色を与えることが多い．

アルゴリズム 5.1.1. グラフ G の点を次数の大きい順に並べる．

$$v_1, v_2, \cdots, v_n \quad \deg_G(v_1) \geq \deg_G(v_2) \geq \cdots \geq \deg_G(v_n)$$

これを次のようにして色 1,2,3,… で彩色していく．まず，v_1 を 1 で着色する．

次に v_1 より後にある v_1 と隣接しない最初の点 v_a を 1 で塗る．以下同様に v_a より後にある $\{v_1, v_a\}$ と隣接しない最初の点を 1 で着色する．以下この操作を点が 1 で着色できなくなるまで繰り返す．次に着色されていない最初の点 v_b を 2 で着色する．以下同様に着色されていない点を順に調べて着色できるものは 2 で着色する．これを 2 で着色できなくなるまで繰り返す．次に 3, 4, ⋯ と同じ操作をすべての点が着色されるまで繰り返す．

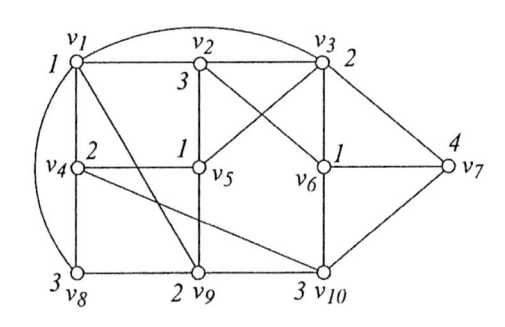

図 5.4 グラフの彩色

たとえば，図 5.4 のグラフにおいてまず点を次数の順に

$$v_1, v_3, v_2, v_4, v_5, v_6, v_9, v_{10}, v_7, v_8$$

と並べ，1 で v_1, v_5, v_6 を着色し，次に 2 で v_3, v_4, v_9 を着色する．そして 3 で v_2, v_{10}, v_8 を着色し，最後に v_7 を 4 で着色すればよい (表参照)．

v_1	v_3	v_2	v_4	v_5	v_6	v_9	v_{10}	v_7	v_8
1				1	1				
−	2		2	−	−	2			
−	−	3	−	−	−	−	3		3
−	−	−	−	−	−	−	−	4	−

しかし，このグラフは

$\{v_1, v_5, v_6\}$ を 1 で，$\{v_3, v_8, v_{10}\}$ を 2，$\{v_2, v_4, v_7, v_9, \}$ を 3
で着色すれば 3 色で着色でき，染色数は $\chi(G) = 3$ である．

彩色に関する結果をいくつか述べる．次の定理はすべての平面グラフは 4 色で彩色可能であることをいっており，その内容の簡潔さとは対照的に証明は困難をきわめ，およそ 100 年間の研究の後で最終的に証明された．その際，数百通りの場合分けを当時 1200 時間におよぶスーパーコンピュータの使用によって処理したといういわくつきの定理である．なお，平面グラフが 5 色で彩色できることは容易に証明できる．

定理 5.1.2 (4 色定理 (Apple, Haken, Koch)) 平面グラフは 4 色で彩色できる．

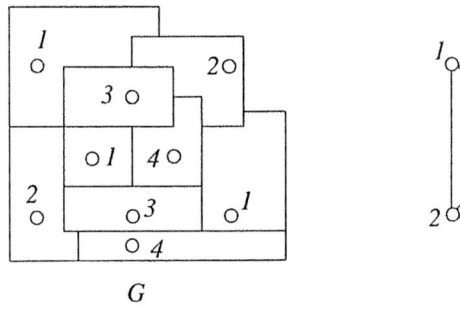

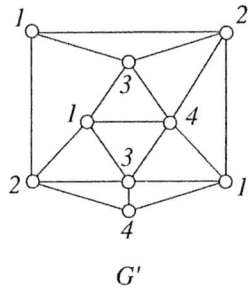

図 5.5 地図 G の国別彩色と平面グラフ G' の 4 彩色

地図 G が与えられたとき，国に点をおき，境界線で隣する 2 つの国の点を辺で結んで平面グラフ G' をつくる．このグラフ G' に 4 色定理を適用して G' の点を 4 彩色すれば，元の地図においては国が 4 色で色分けされたことなる (図 5.5)．実際，G' において隣接する 2 点が異なる色で着色されていることは，G においては境界線を共有する 2 つの国が異なる色で着色されることに対応しているからである．

すべての点が外領域の境界上にある平面グラフを**外平面グラフ**(outer plane

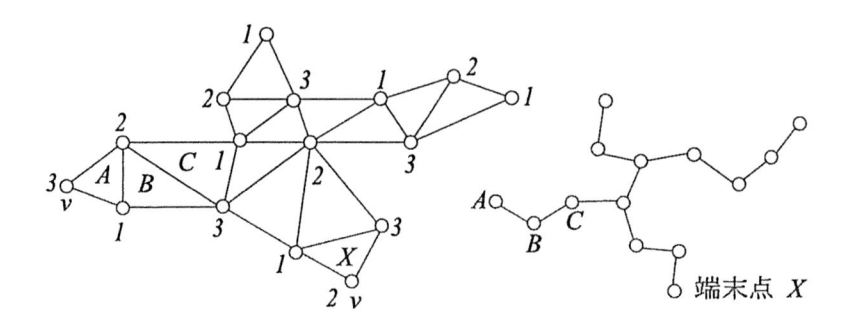

図 5.6 外平面グラフ G の 3 彩色と H^*

定理 5.1.3. 外平面グラフは 3 色で彩色できる (図 5.6).

証明 外領域でない領域を**内領域**とよぶことにする．連結な外平面グラフを G とし，$|G|$ に関する帰納法で証明する．$|G| \leq 3$ なら明らかに成り立つから，以下 $|G| \geq 4$ とする．

G の 3 角形でないすべての内領域に辺を加えて 3 角形にする．こうしてえられたグラフも外平面グラフで，もしこれが 3 色で彩色できれば，明らかにその彩色は元のグラフの彩色にもなっている．よって最初から G のすべての内領域は 3 角形と仮定してよい．

G の双対グラフを G^* とし，G^* から外領域に対応する点を除去したグラフを H^* で表す．つまり H^* は，G のすべての内領域に点をおき，2 つの内領域が辺を共有するときに限り対応する 2 点を辺で結んでえられるグラフである (図 5.6).

すると H^* は木になる．よって H^* には端末点があり，端末点に対応する G の領域には次数 2 の点 v がある．$G - v$ は外平面グラフだから，帰納法の仮定より 3 色で彩色できる．これに点 v を加えて元のグラフ G をつくる．v の次数は 2 だから，v と隣接する 2 点に着色された色とは違う色で v を彩色すれば，G は 3 色で彩色される． □

5.1 グラフの彩色

定理 5.1.4. グラフ G は $\Delta(G)+1$ 色で彩色できる.

証明 グラフ G の位数に関する帰納法で証明する. 位数が2以下では明らかに成り立つ. G から1点 v をとり $H=G-v$ を考える. 帰納法の仮定より H は $\Delta(H)+1$ 色で彩色できる. もちろん $\Delta(H) \leq \Delta(G)$ であるから $\Delta(G)+1$ 色で彩色できる. さて, G において v 以外の点はすべて H の彩色により着色されているものとする. すると v と隣接する点はたかだか $\Delta(G)$ 個しかないから, v と隣接する点に着色された色とは異なる色がある. この色で v を着色すれば G が $\Delta(G)+1$ 色で彩色される. □

上の定理より強く, グラフ G の最大次数が3以上でかつ完全グラフでないときには $\Delta(G)$ 色で彩色できることもわかっている.

しかし平面グラフの最大次数がいくらでも大きくなることからもわかるように, 上の定理は必ずしも彩色数のよい上限を与えてはいない. また, 別の悪い例としては完全3部グラフ $K(n_1, n_2, n_3)$ などが考えられる. これは3彩色可能であるが, 最大次数も最小次数もいくらでも大きくなる. 一方, $K(n_1, n_2, n_3)$ にアルゴリズム 5.1.1 を適用すると3色の彩色がえられる.

このほかにもいくつかの上限を与える評価式がえられているが, 次はその例である.

定理 5.1.5 (Szekeres-Wilf) グラフ G において

$$\chi(G) \leq 1 + \max_{X \subseteq V(G)} \delta(\langle X \rangle_G)$$

が成り立つ.

グラフ G が k-彩色可能であることと, G が k-部グラフであることとは同値である. 実際, 各色の点集合を部集合とすれば, 同じ色の点を結ぶ辺はなく, G は k 個の部集合からなるグラフとしてえがける. したがって, 彩色数は k-部グラフとしてグラフを表現するときの最小の k でもある.

5.2 グラフの辺彩色

グラフのすべての辺を，同じ点に接続する辺は異なる色になるように着色することをグラフの**辺彩色**(edge coloring) という (図 5.7)．点の彩色の場合と同様，グラフ G の辺を彩色するのに必要な色の最小個数を G の**辺染色数**(edge chromatic number) といい $\chi'(G)$ で表す．また k-色で辺彩色できるとき，つまり $\chi'(G) \leq k$ となるとき，G は **k-辺彩色可能**(k-edge colorable) であるという．

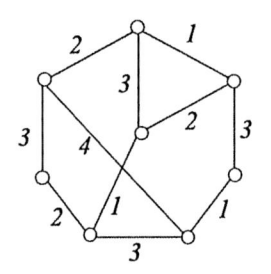

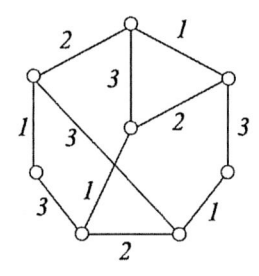

図 5.7 グラフの 2 つの辺彩色（番号は色を表す）

まずグラフの辺彩色の利用できる例を述べよう．たとえば図 5.8 の 2 部多重グラフ G は，ある学校における時間割作成のためのクラスと先生の関係をグラフに表したものである．部集合 X はクラスの集合で，部集合 Y は先生の集合である．そして点 $U \in X$ と点 $y \in Y$ を結ぶ辺 Uy は，クラス U において先生 y が教える科目を表している．もし同じ科目を週に 2 回以上教えるときには，週に教える回数の多重辺でクラスと先生を結ぶ．

このグラフを図 5.8 のように辺彩色する．すると番号 1 の辺 (科目) を 1 時間目にし，番号 2 の辺 (科目) を 2 時間目というように時間割を組んでいけばよい．実際 X の各点に対して接続する辺の色が異なることから各クラスにおいて，同じ時間に 2 つの科目が割り当てられることはなく，また Y の各点に接続する辺の色が異なることから，各先生においても同じ時間に 2 つの科目 (クラス) が割り当てられることもない．もちろん現実の問題としては，これは単に

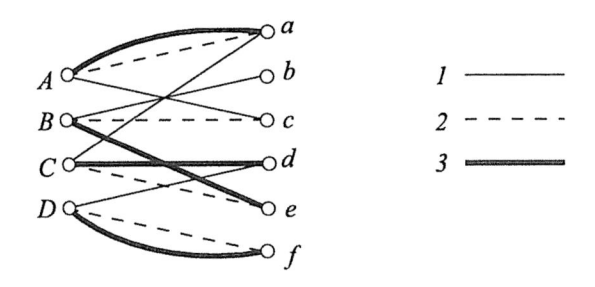

図 5.8 2部多重グラフ G とその辺彩色（番号は色を表す）

最初の叩き台となる案を提案しているだけであり，これからさまざまな条件に合うように修正する必要がある．あるいは条件に合うように時間割を部分的に組み，残された部分にこの手法を適用してもよい．

さて，グラフが辺彩色されているとする．すると色 i で着色された辺の集合 X_i はマッチングとなる．つまり X_i のどの2辺も共有点をもたず独立な辺の集合となっている．したがって G を k 色で辺彩色することは

$$E(G) = X_1 \cup X_2 \cup \cdots \cup X_k \quad (\text{各 } X_i \text{ はマッチング})$$

と分割することである．

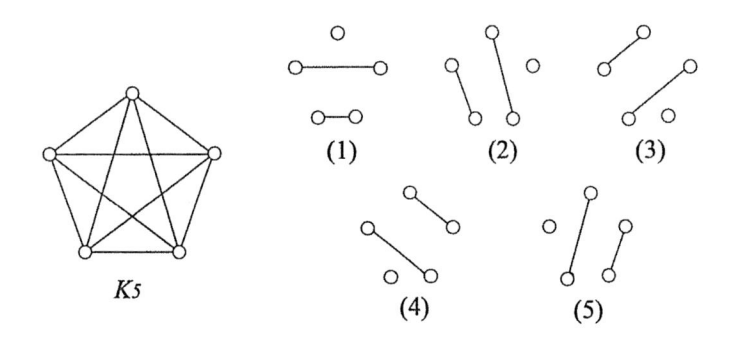

図 5.9 完全グラフ K_5 の辺彩色（同色の辺へ分解して表す）

この観点からみると，完全グラフ K_n の辺彩色は，n 個のチームが総当たり戦をするときの，試合の日程を与えている．たとえば図5.9の番号 (1) の辺は 1

日目の試合の組み合わせになっており，以下同様に番号 (i) の辺は i 日目の試合の組み合わせになっている．完全グラフの辺彩色は一見簡単そうであるが，偶数位数の場合はむずかしく，うまい工夫が必要である．

定理 5.2.1. 完全グラフ K_n の辺染色数は，n が奇数なら n で，n が偶数なら $n-1$ である．

証明 まず位数 n が奇数の場合を考える．$V(K_n) = \{v_0, v_1, v_2, \cdots, v_{n-1}\}$ とおき，K_n を色 $\{0, 1, 2, \cdots, n-1\}$ で辺彩色する．点を円周上に並べ，K_5 の辺彩色と同じように，各 k $(0 \le k \le n-1)$ に対して，点 v_k から同じ数だけ番号が離れた 2 点を結ぶ辺を k で着色すれば，n 色による辺彩色がえられる (図 5.10 の K_7)．正確には k で着色する辺は次のように表される．

$$\{v_{k+i}v_{k-i} \mid 1 \le i \le \frac{n-1}{2}, \text{ ただし添え字は } (\bmod\ n) \text{ でとる }\}$$

一方，K_n の任意の辺彩色において，各色で着色されている辺はたかだか $(n-1)/2$ 個である．$\|K_n\| = n(n-1)/2$ だから，辺彩色に必要な色の数は n 以上である．ゆえに n が奇数なら $\chi'(K_n) = n$ が証明された．

次に n が偶数の場合を考える．$V(K_n) = \{v_0, v_1, v_2, \cdots, v_{n-1}\}$ とおき，

$$K_{n-1} = K_n - v_{n-1}, \quad V(K_{n-1}) = \{v_0, v_1, v_2, \cdots, v_{n-2}\}$$

を上で述べたように $n-1$ 色で辺彩色する．次に各 k $(0 \le k \le n-2)$ に対して，辺 $v_k v_{n-1}$ も k で着色する (図 5.10 の K_6)．これで K_n は $\{0, 1, \cdots, n-2\}$ で辺彩色されている．また各点の次数が $n-1$ だから $n-1$ 色必要であることは明らかである．したがって偶数の場合も証明された． □

さて一般のグラフにおいて，辺染色数を評価したり，辺染色数に近い色数で辺を彩色することはむずかしそうに思われるが，点の彩色の場合とは違い次の定理のようにほぼ解決されている．また，その証明から実際にグラフを $\Delta(G)+1$ 色で辺彩色する効率的なアルゴリズムもえられる．ここでも点の問題と辺の問題の相違が現れている．もっとも辺染色数を決定しようとすると差 1 が残っており，これを決定することはむずかしい．

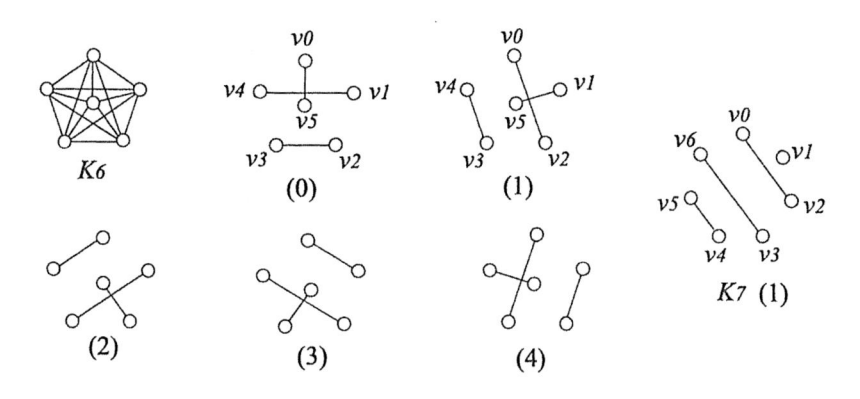

図 5.10 K_6 の辺彩色と K_7 の色 1 の辺の集合（番号は色を表す）

定理 5.2.2 (ビジングの定理 (Vizing)) グラフ G は $\Delta(G)+1$ 色で辺彩色可能である．とくに，辺染色数 $\chi'(G)$ は $\Delta(G)$ かまたは $\Delta(G)+1$ である．

証明 グラフ G の最大次数の点を v とすると，v に接続する辺はすべて異なる色に着色する必要があるから $\Delta(G) \leq \chi'(G)$ である．以下，G も含めて G のすべての部分グラフが $\Delta(G)+1$ 色で辺彩色できることを，サイズに関する帰納法で証明する．

このためには，G の真の部分グラフ H が $\Delta(G)+1$ 色で辺彩色されていると仮定して，H に含まれない G の任意の辺 e に対して，$H+e$ も $\Delta(G)+1$ 色で辺彩色できることを証明すればよい．なお $H+e$ は H に辺 e と必要なら e の端点も加えてできるグラフである．

もし e の両端点がともに H に含まれていなければ，e を任意の色で着色できる．また，もし e の 1 つの端点 w だけが H に含まれていれば，w と接続する H の辺はたかだか $\deg_G(w) - 1$ $(\leq \Delta(G) - 1)$ 本だから，これらの辺の色とは異なる色で e を着色すればよい（図 5.11）．よって e の両端点がともに H の点である場合だけを考えればよい．辺 e の両端点を v と x_0 で表す．

H において，x_0 と接続する辺に着色されていない色を α_1 とする．$\deg_H(x_0) \leq \Delta(G)$ よりこのような色は必ずある．もし v に α_1 の辺が接続していなければ e を α_1 で着色すればいいので，v に α_1 の辺が接続していると仮定してよい．

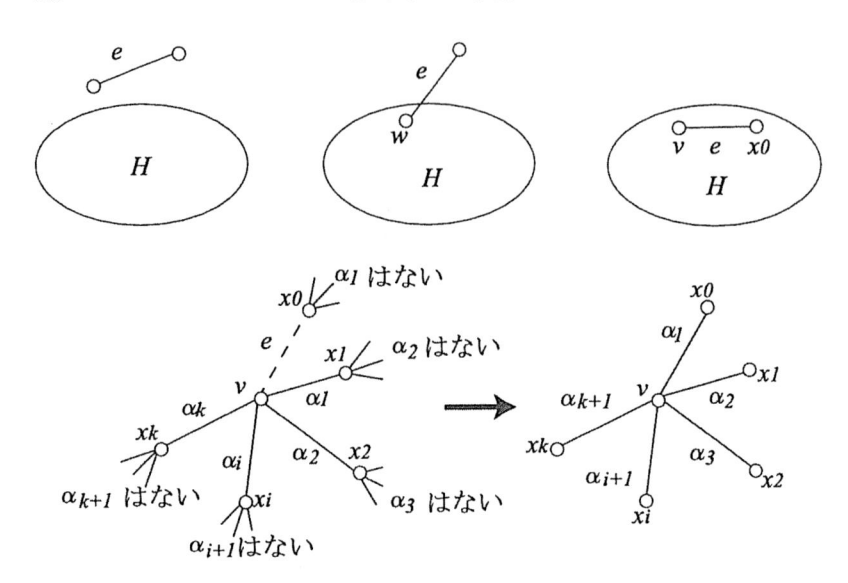

図 5.11 点 x_i と色 α_{i+1} の図 ($1 \leq i \leq k$)

v に接続する α_1 の辺を求め, そのもう一方の端点を x_1 とおき, x_1 と接続する辺に着色されていない色を α_2 とする. 以下同様に, 各 i ($1 \leq i \leq k$) に対して以下の操作 $(*)$ をする. ただし, k においては

v に α_{k+1} の辺が接続していないか, または

$\alpha_{k+1} = \alpha_j$ ($j < k$) となる j が存在して

操作ができなくなるものとする. これを**停止条件**とよぶ.

$(*)$ 点 x_i に接続する辺に着色されていない色を α_{i+1} とし, v に接続する α_{i+1} の辺を求め, その端点を x_{i+1} とおく (図 5.11).

すると, 停止条件より $\alpha_1, \alpha_2, \cdots, \alpha_k$ は異なる色であり, 次のいずれかの場合が起こる.

場合 1 v に色 α_{k+1} の辺が接続していないとき.

このときには $e = vx_0$ を α_1 で着色し, 各 i ($1 \leq i \leq k$) に対して辺 vx_i を α_{i+1} で再着色すれば $H + e$ の辺彩色がえられている (図 5.11).

5.2 グラフの辺彩色

場合 2 ある j $(1 \leq j < k)$ に対して $\alpha_{k+1} = \alpha_j$ となるとき.

$\alpha = \alpha_{k+1} = \alpha_j$ とおき, v に接続する辺に着色されていない色を β で表す. とくに, $\beta \neq \alpha_i$ $(1 \leq i \leq k+1)$ である. もし x_k に β の辺が接続していないなら, α_{k+1} とし β を選べば場合 1 が生じており, $H + e$ の辺彩色ができる. したがって x_k には β の辺が接続していると仮定してよい.

次に, α または β で着色された辺からなるグラフ R を考える. R の各点において, α の辺も β の辺もたかだか 1 本だけ接続しているから R の各成分は道か閉路である. 点 x_k には α の辺は接続してなく, β の辺は接続しているので x_k を端末点とする R の道 P がある.

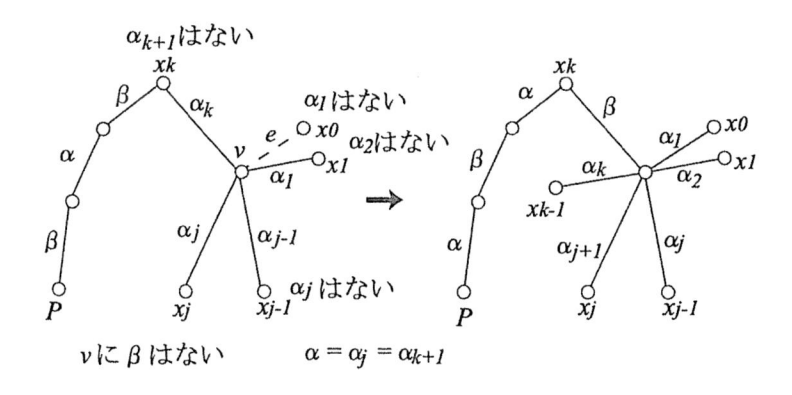

図 5.12 場合 2.1 の状況 (w は P の端点)

場合 2.1 P が x_j も x_{j-1} も通らないとき (図 5.12).

P の辺の着色 α と β を入れ替える. つまり α で着色されている辺は新たに β で着色し, β で着色されている辺は新たに α で着色する (図 5.12). そして場合 1 と同様に $e = vx_0$ を α_1 で着色し, 各 i $(1 \leq i \leq k-1)$ に対して辺 vx_i を α_{i+1} で再着色し, 辺 vx_k を β で着色すれば $H + e$ の辺彩色ができる (図 5.12).

場合 2.2 P が x_{j-1} を通るとき (図 5.13).

点 x_{j-1} には $\alpha = \alpha_j$ 色の辺は接続していないので, x_{j-1} は P の端末点で x_{j-1} に接続する P の辺は β で着色されている (図 5.13). P の辺の着色 α と β を入れ替える. 次に, 辺 vx_i $(1 \leq i \leq j-2)$ を α_{i+1} で再着色し, 辺 vx_0 を

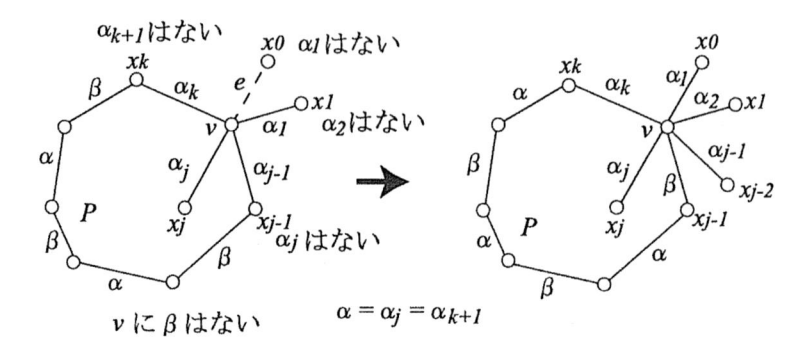

図 5.13 場合 2.2 の状況

α_1 で着色し,最後に辺 vx_{j-1} を β で再着色すれば $H+e$ の辺彩色がえられる (図 5.13).なお,辺 vx_i, $(j \leq i \leq k)$ の色は元のままである.

場合 2.3 P が x_j を通るとき (図 5.14).

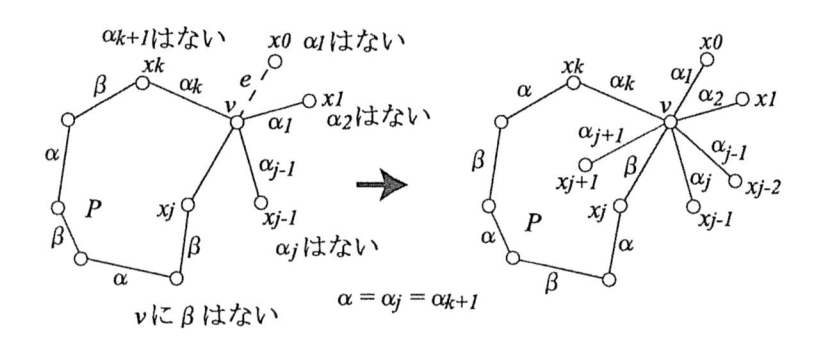

図 5.14 場合 2.3 の状況

辺 vx_j は $\alpha = \alpha_j$ で着色されており,P の端末点は x_k と v である (図 5.14).P の辺の着色 α と β を入れ替える.そして辺 vx_i ($1 \leq i \leq j-1$) を α_{i+1} で再着色し,辺 vx_0 を α_1 で着色する.なお,辺 vx_i ($j+1 \leq i \leq k$) の色は元のままである.すると $H+e$ の辺彩色がえられる (図 5.14).ゆえに定理は証明された. □

辺染色数が $\Delta(G)$ になるグラフ G としては,次の定理で述べるように 2 部

グラフがある．また，辺染色数が $\Delta(G)+1$ となるグラフとしては前に述べた奇数位数の完全グラフ (p.108) とか奇数位数の正則グラフ (演習問題) とかペテルセングラフ (演習問題) などがある．次の定理の証明は 7 章で述べる．

定理 5.2.3. 2 部多重グラフ G の辺染色数は $\Delta(G)$ に等しい．

多重グラフ G において，2 点を結ぶ辺の最大個数を $\rho(G)$ で表す．すると多重グラフの辺彩色に関しては次の定理が成り立つ．

定理 5.2.4 (Shannon) 多重グラフ G は $\Delta(G)+\rho(G)$ 色で辺彩色可能である．とくに $\Delta(G) \leq \chi'(G) \leq \Delta(G)+\rho(G)$ である．

5.3 演習問題

問題 5.1 図 5.15 の平面グラフ G を 4 色で彩色せよ．

問題 5.2 図 5.15 の外平面グラフ H を 3 色で彩色せよ．

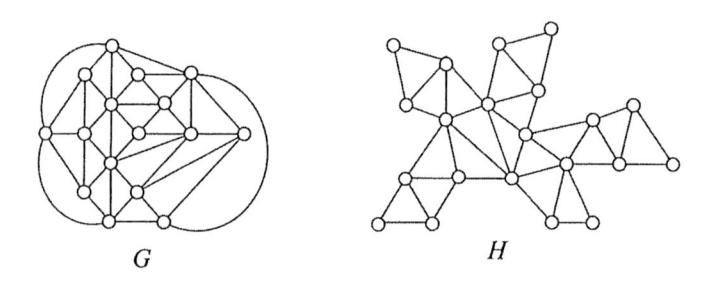

図 5.15 平面グラフ G と外平面グラフ H

問題 5.3 図 5.16 のグラフ G をアルゴリズム 5.1.1 を用いて彩色せよ．次に，$\chi(G) = 4$ 色で彩色せよ．
(ヒント) $f, b, c, e, j, a, c, \cdots, k$ と並べて 5 色で彩色できる．

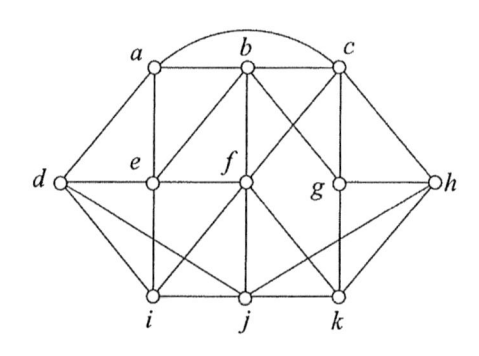

図 5.16 グラフ G

問題 5.4 平面グラフは 6 色で彩色できることを証明せよ．
(ヒント) 定理 4.1.5 (p.90)

5.3 演習問題

問題 5.5 木は 2 彩色可能であることを示せ．

(ヒント) たとえば位数に関する帰納法で証明せよ．

問題 5.6 完全グラフ K_7, K_8 を 7 色で辺彩色せよ．完全 2 部グラフ $K_{3,4}$ を 4 色で辺彩色せよ．

問題 5.7 図 5.17 の 2 つのペテルセングラフ P, Q の辺 e 以外の辺は 4 色で辺彩色されている．ビジングの定理 (p.109) の証明のアルゴリズムを利用して e も含めて 4 色で辺彩色せよ．

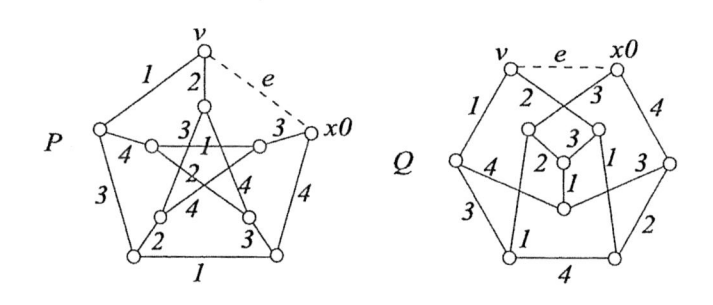

図 5.17 ペテルセングラフ P と Q

問題 5.8 図 5.17 の P から辺彩色を取り除いた元のペテルセングラフを H とする．H は 3 色では辺彩色できないことを確かめよ．

(ヒント) H が 3 色 α, β, γ で辺彩色できたと仮定する．するとすべての点において 3 色の辺が 1 本ずつ接続している．色 α と色 β の辺からなるグラフを R とする．すると R の各成分は，α と β の辺が交互に並んだ偶数位数の閉路になる．しかし，このようなことは不可能であることをいえ．

問題 5.9 奇数位数の r-正則グラフ G では $\chi'(G) = r + 1$ となることを示せ．

6

ネットワークと流れ

6.1 ネットワーク

有向グラフの各弧 a に**容量**(capacity) とよばれる正の実数値 $c(a)$ を付与し，さらに**入口** s (source) と**出口** t (sink) とよばれる特別な 2 点を指定したものを**ネットワーク**(network) という (図 6.1)．

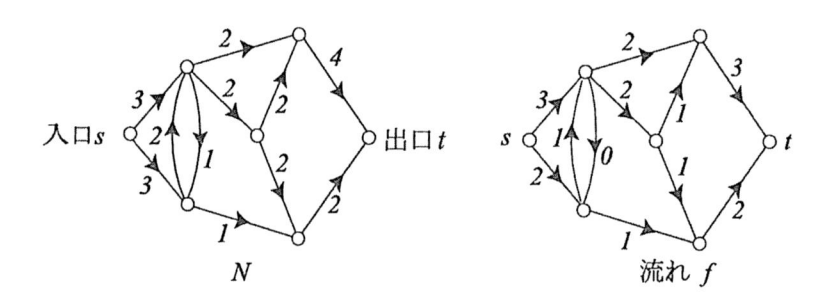

図 6.1 ネットワーク N(数字は弧の容量) と流れ f(数字は弧の流量)

ネットワークは，たとえば都市間の定期便網を表しており，弧は定期便の走る道と向きを，また容量は 1 日に定期便でさらに追加して運べる荷物の重さを表しているものとする．そして定期便は都市で止まって荷物の積み下ろしをするので，各都市で荷物の積み替えができるものとする．このとき都市 s から都市 t へ定期便の余力を利用して臨時に 1 ヶ月間毎日ある品物をある量運びたいとする．これは可能かどうか．またもし可能なら，どのように運べば目的の輸送ができるかといった問題を考える．このとき s から t へ運びたい品物が 1 箱

15 kg 単位で梱包されており，箱単位で運ぶときには弧 a の余裕運搬量は箱の個数で表せばよい．

別の例としては，流れの名前の由来どおり，ネットワークは s と t の間に張り巡らされたパイプ網を表しており，弧 a は流す向きの指定されたパイプで，容量 $c(a)$ はパイプ a に単位時間に流せる液体の上限量である．そして s と t 以外の点では液体の流出も注入もないものとする．このとき，s から t へ最大どれだけの液体が送れるか，またその流し方はどうすればよいかといった問題を想定してもよい．

この問題を定式化しよう．ネットワーク N の点集合を $V(N)$，弧集合を $A(N)$ で表す．N の 2 点を結ぶ弧は，同じ向きの弧が何本あってもよいし，また逆向きの弧が並存してもよい．さらに

　　　入口 s へ入る弧とか，出口 t から出る弧はないものとする．

互いに素な 2 つの点部分集合 S と T に対して，S の点から T の点へ向かう弧の集合を
$$A(S,T) = \{(x,y) \in A(N) \mid x \in S,\ y \in T\}$$
で表す．また S に含まれない点の集合を $\overline{S} = V(N) - S$ とし，
$$\partial^+(S) = A(S,\overline{S}) = S\text{から}S\text{の外へ出る弧の集合}$$
$$\partial^-(S) = A(\overline{S},S) = S\text{の外から}S\text{へ入る弧の集合}$$
と定義する (図 6.2)．

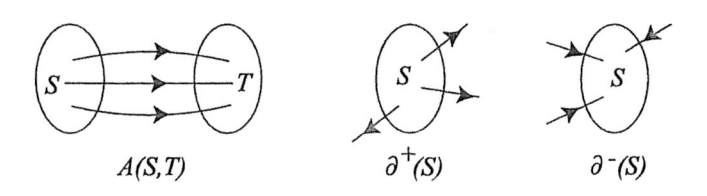

図 6.2　$A(S,T),\ \partial^+(S),\ \partial^-(S)$

すると，ネットワーク N において入口 s から出口 t への流れ(flow) f とは，

弧集合 $A(N)$ 上で定義された実数値関数で次の 2 つの条件 (i) と (ii) を満たすものである．ここで $f(a)$ を弧 a の**流量**とよぶ (図 6.1).

(i) すべての弧 a において　　$0 \leq f(a) \leq c(a)$ 　　　　　　(6.1)

(ii) s, t 以外のすべての点 v において (図 6.3)

$$\sum_{a \in \partial^+(v)} f(a) = \sum_{a \in \partial^-(v)} f(a) \tag{6.2}$$

条件 (i) は各弧の流量は容量以下であることを，(ii) は点 v への**流入量**(右辺) と v からの**流出量**(左辺) が等しいことを要請している．流れ f がこの 2 つの条件を満たせば

入口 s からの流出量 = 出口 t への流入量

つまり

$$\sum_{a \in \partial^+(s)} f(a) = \sum_{a \in \partial^-(t)} f(a) = val(f) \tag{6.3}$$

が成り立つ．この値を**流れ f の流量**(value) といい $val(f)$ で表す．

理論的には入口 s へ入る弧とその流量とか，出口 t から出る弧とその流量も考えられるが，これらは問題の意味から考えて直観的に無視してよいことは明らかであろう．また，理論的にもこれらの無用な弧は除去してよいことが証明できる．よってここでは最初から入口 s へ入る弧とか出口 t から出る弧はないものと仮定した．これにより状況が簡明になり，また例外的な議論なども必要なくなる．

上式 (6.3) は物理的には明らかである．つまり途中で運搬物の損失とか追加がなければ，入口 s から供給された物はすべて出口 t へ届くはずである．まずこの等式を数学的に導くことから始めよう．

式 (6.2) を s, t 以外のすべて点について加えると

$$\sum_{v \in V(N) - \{s,t\}} \left(\sum_{a \in \partial^+(v)} f(a) - \sum_{a \in \partial^-(v)} f(a) \right) = 0$$

この式の左辺を $f(a)$ の項にまでばらばらに展開した状態で考える．s にも t に

6.1 ネットワーク

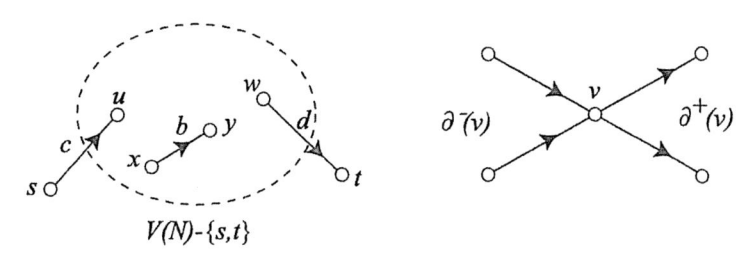

図 6.3 流出量の計算図

も接続していない弧 $b = (x, y)$ $(x, y \notin \{s, t\})$ の流量 $f(b)$ は，$v = x$ のとき $+f(b)$ として現れ，$v = y$ のとき $-f(b)$ として現れるので互いに打ち消される (図 6.3)．一方，入口 s から出る弧 $c = (s, u)$ は $v = u$ において $-f(c)$ として 1 回だけ現われる．また，出口 t に入る弧 $d = (w, t)$ も $v = w$ において $+f(d)$ として 1 回だけ現れる (図 6.3)．したがって残った $f(a)$ を集めると

$$-\sum_{a \in \partial^+(s)} f(a) + \sum_{a \in \partial^-(t)} f(a) = 0$$

となる．これより式 (6.3) がえられる．

上の議論では s と t を結ぶ弧はないものと暗黙に仮定していたが，もし s と t を結ぶ弧があれば，それらを除いたネットワークで上の議論をし，次にこれらの弧の流量を加えれば同じ等式が成り立つことがわかる．

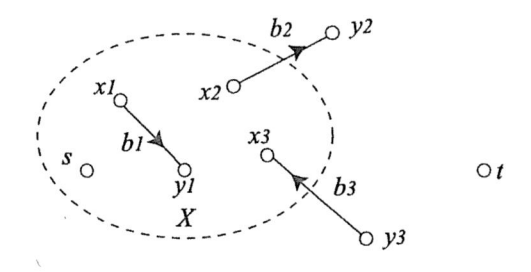

図 6.4 点部分集合 X からの流出量の計算図

さて，入口 s を含み出口 t を含まない点部分集合 X に対して，X の各点について流入量と流出量を加えてみよう．点 $v \in X - s$ においては「流入量=流

出量」の等式 (6.2) が成り立ち,入口 s へ入る弧がないことに注意すると

$$\sum_{v \in X} \left(\sum_{a \in \partial^+(v)} f(a) - \sum_{a \in \partial^-(v)} f(a) \right) = \sum_{a \in \partial^+(s)} f(a) = val(f)$$

が成り立つ.この式の左辺を $f(a)$ の項までばらばらに展開して考えると,X の 2 点を結ぶ弧 $b_1 = (x_1, y_1)$ $(x_1, y_1 \in X)$ の流量 $f(b_1)$ は,$v = x_1$ のとき $+f(b_1)$ で現れ,$v = y_1$ のとき $-f(b_1)$ として現れ互いに打ち消される(図 6.4).X から X の外へ出る弧 $b_2 = (x_2, y_2)$ $(x_2 \in X, y_2 \in \overline{X})$ の流量 $f(b_2)$ は $v = x_2$ において $+f(b_2)$ として 1 回だけ現れる.また,X の外から X へ入る弧 $b_3 = (y_3, x_3)$ $(y_3 \in \overline{X}, x_3 \in X)$ の流量 $f(b_3)$ も $v = x_3$ において $-f(b_3)$ として 1 回だけ現れる(図 6.4).

以上のことから

$$\sum_{v \in X} \left(\sum_{a \in \partial^+(v)} f(a) - \sum_{a \in \partial^-(v)} f(a) \right) = \sum_{a \in \partial^+(X)} f(a) - \sum_{a \in \partial^-(X)} f(a)$$

となり

$$val(f) = \sum_{a \in \partial^+(X)} f(a) - \sum_{a \in \partial^-(X)} f(a) \qquad (6.4)$$

が成り立つ.この式の右辺は

(X から $\overline{X}$ へ出る流量) $-$ ($\overline{X}$ から X へ入る流量)

であり,X から $\overline{X}$ への流出量とよんでいいものである.そしてこれが s からの流出量に等しくなることをいっている.この関係式も,途中で損失とか追加がなければ,物理的に考えて当然成り立つ式である.

さて,$f(a) \leq c(a)$ (p.118) に注意すると,上式 (6.4) より

$$val(f) \leq \sum_{a \in \partial^+(X)} f(a) \leq \sum_{a \in \partial^+(X)} c(a)$$

がえられる.この式で流れ f とか部分集合 X は任意にとれたから,$val(f)$ が最大になる f と,$\sum_{a \in \partial^+(X)} c(a)$ が最小となる X で考えれば次の不等式がえられる.

$$\max_f val(f) \leq \min_X \sum_{a \in \partial^+(X)} c(a) \qquad (s \in X,\ t \in \overline{X}) \qquad (6.5)$$

実は,この不等式において常に等号が成立する.これを主張するのが次の最大流・最小カット定理である.これは次節で証明されるが,$\partial^+(X)$ を簡単にカットといい,カットの弧の容量の和をカット容量という.

定理 6.1.1 (最大流・最小カット定理 (Ford, Fulkerson))　最大流量と最小カット容量は等しい.

$$\max_f val(f) = \min_{X \subset V(N)} \sum_{a \in \partial^+(X)} c(a) \qquad (s \in X,\ t \in \overline{X}) \qquad (6.6)$$

6.2　流れのアルゴリズム

　最大流・最小カット定理の証明を1つの目標にしているが,いったんこの定理を離れ,最大流を求めるアルゴリズムについて考えよう.たとえば図 6.5 のネットワークにおいて,入口 s から出口 t へ

　　　有向道 (abc) に沿って 3 流す

　　　有向道 $(dihc)$ に沿って 1 流す

　　　有向道 (dij) に沿って 1 流す

すると図 6.5 の流れ f_1 がえられる.この流れ f_1 にさらに追加するようにはもう流せないようにみえる.しかし s から t へ行く向きを無視した

　　　道 $(dghj)$ に沿ってさらに 1 流すことができる (図 6.5).

つまり弧 d と g に 1 流す.すると点 v_2 において流入量が流出量より 1 増えてしまう.そこで弧 h の流れを 1 減らして点 v_2 において流入量と流出量が等しくなるようにする.次に,弧 h の流れを 1 減らしたために点 v_4 であふれる流量 1 を弧 j へ流し,点 v_4 において流入量と流出量が等しくなるようにする.これによりさらに流量を 1 増した s から t への流れ f_2 がえられている (図 6.5).この両方向の弧が混在する道も利用できるというすばらしい着想によってアルゴリズムは完成する.

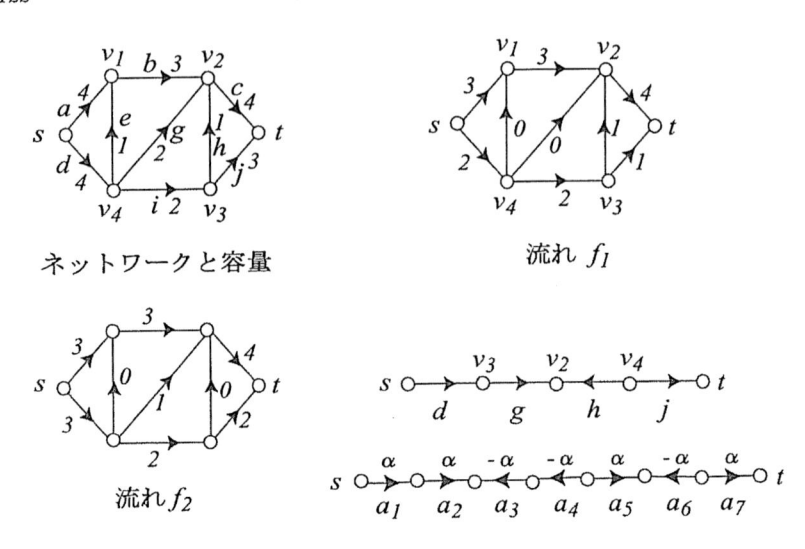

図 6.5 ネットワークの流れと増大道

上で述べた手法は明らかに一般的に使える．つまり，ネットワーク N に流れ f があるとき，入口 s から出口 t への道 $(a_1, a_2, \cdots, a_k)$ $(a_i \in A(N))$ で

もし弧 a_i が s から t への向きなら $f(a_i) < c(a_i)$

もし弧 a_i が t から s への向きなら $0 < f(a_i)$

となっているものを **s-t 増大道**という（図 6.5）．もし s-t 増大道がみつかれば，これに沿って

$$\alpha = \min\Big\{ \{c(a_i) - f(a_i) \mid a_i \text{ は } s \text{ から } t \text{ の方へ向かう弧}\} \\ \cup \{f(a_i) \mid a_i \text{ は } t \text{ から } s \text{ の方へ向かう弧}\}\Big\}$$

だけ流れを増やせる．実際，s から t へ向かう弧 a_i に対しては α だけ流れを増やし，t から s へ向かう弧 a_j に対しては α だけ流れを減らせばよい．このようにして s-t 増大道がある限り流量は増やせる．

もちろん普通に考えて余裕のある弧，つまり $f(a) < c(a)$ となる弧 a だけからなる s-t 有向道も s-t 増大道である．

次に s-t 増大道が存在しなくなったときの状況を考えよう．このときの流れを f' で表す．入口 s から s-v 増大道によって結ばれる点 v の集合を S とする．

$$S = \{v \in V(N) \mid s \text{ と } v \text{ を結ぶ増大道がある }\} \cup \{s\}$$

明らかに $s \in S$ かつ $t \notin S$ であり, S と $\overline{S}$ を結ぶ弧に対しては増大道が延長できないことから次の状況が生じている (図 6.6 左).

弧 $a \in \partial^+(S)$ に対しては $f'(a) = c(a)$

弧 $a \in \partial^-(S)$ に対しては $f'(a) = 0$

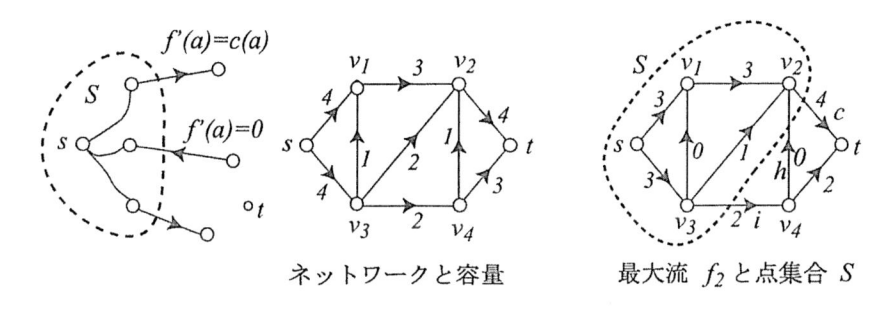

図 6.6 ネットワーク N とカット $\partial^+(S)$

したがって式 (6.4)(p.120) から

$$val(f') = \sum_{a \in \partial^+(S)} f'(a) - \sum_{a \in \partial^-(S)} f'(a)$$
$$= \sum_{a \in \partial^+(S)} c(a)$$

となる. ゆえに式 (6.5)(p.121) より

$$val(f') \leq \max_f val(f) \leq \min_X \sum_{a \in \partial^+(X)} c(a) \leq \sum_{a \in \partial^+(S)} c(a) = val(f')$$

がえられ, 上式はすべて等号で成立する. とくに f' は最大流である.

これにより最大流・最小カット定理は証明された. 同時に S が最小カットであることもわかる. つまり最小カットを求める方法もわかった.

たとえば図 6.6 のネットワークの流れ f_2 から S を求めると, $t \notin S$ となるか

ら f_2 は最大流であり

$$S = \{s, v_1, v_3, v_2\}, \quad \overline{S} = \{v_4, t\}, \quad \partial^-(S) = \{h\}$$
$$\partial^+(S) = \{c, i\}, \quad \sum_{a \in \partial^+(S)} c(a) = 4 + 2 = 6 = val(f_2)$$

である.

最後に増大道を求めるための工夫を述べる.ネットワーク N と流れ f が与えられたとき,N と同じ点集合をもつ有向グラフ $D(N)$ を次のように定義する (図 6.7).

　もし $f(a) < c(a)$ なら弧 a を残す
　もし $f(a) = c(a)$ なら弧 a を除去する
　もし $f(a) > 0$ なら a とは逆向きの弧をつける

すると N における s-t 増大道と有向グラフ $D(N)$ における s-t 有向道は一致し,容易に増大道をみつけたり,非存在が判定できる.

たとえば図 6.7 のネットワーク N とその上の流れ f に対する $D(N)$ は右図のようになるが,ここには s-t 有向道 $(sv_3v_4v_2t)$ があり,これは N の増大道になっている.

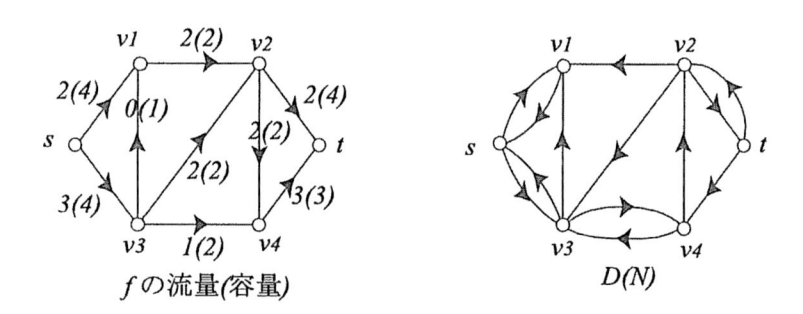

図 6.7 N 上の流れ f と増大道 $(sv_3v_4v_2t)$,有向グラフ $D(N)$

もし弧の容量がすべて正の整数であれば,流れのない状態から始めて,増大道で流量を増やしていけば,すべての弧の流量が整数の流れがえられる.とくに,最大流における各弧の流量も整数値となる.したがって次の定理が成り立

つ．これは簡単な系であるが流れの理論的な応用では重要である．

定理 6.2.1 (整数流定理)　容量が正の整数であるネットワークにおいては，各弧の流量が整数となる最大流が存在する．

6.3　グラフの辺素な道と無向ネットワークにおける流れ

まず無向ネットワーク N^* における流れについて述べる (図 6.8)．無向ネットワーク N^* は各辺 e に容量 $c(e) > 0$ が付与され，入口 s と出口 t が指定されたグラフである．無向ネットワークでは各辺 e に対して，

　　容量 $c(e)$ を超えない範囲でどちら向きにも流せる．

またネットワークの場合と同様，入口 s と出口 t 以外の点 v では，

　　v への流入量と v からの流出量は等しい．

よってネットワークとの相違点は，各辺において流量とともに流す向きも決めることである．

容易にわかるように，無向ネットワークにおける流れの問題は，各辺 $e = xy$ を 2 つの弧 (x,y) と (y,x) に置き換えて普通のネットワークをつくり，ここで問題を解けばよい．

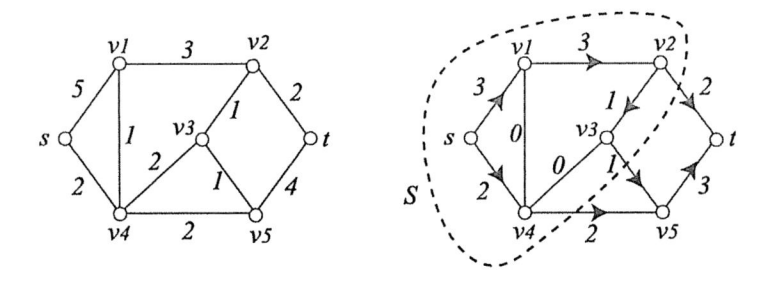

図 6.8　無向ネットワーク N^* と最大流 f ($S = \{s, v_1, v_4, v_3, v_2\}$)

別の解法として，無向ネットワークにおいて直接増大道を求める方法がある．集合 $X \subset V(N^*)$ に対して

$$\partial(X) = E_{N^*}(X, \overline{X}) = \{X \text{ の点と } \overline{X} \text{ の点を結ぶ辺}\}$$

と定義する．いま無向ネットワーク N^* 上に流れ f があると仮定する．まず s と接続する辺はすべて s から出る向きにだけ進め，t と接続する辺はすべて t へ入る向きにだけ進めるものとする．これ以外の辺 e に対しては，

　　流れのない辺は両方向に進め，

流れのある辺 e に対しては，

　　もし $f(e) = c(e)$ なら流れと逆向きにだけ進め，

　　もし $f(e) < c(e)$ なら両方向に進める．

この条件のもとで s-t 道を求めれば，それは s-t 増大道となっている．s-t 増大道が存在しないときには

$$S = \{v \in V(N^*) \mid s \text{ と } v \text{ を結ぶ増大道がある}\} \cup \{s\}$$

とおけば，すべての辺 $e \in \partial(S)$ において

　　S の点から $\overline{S}$ の点の方向へ $f(e) = c(e)$ の流量があり，

ネットワークの場合と同様にして

$$val(f) = \sum_{a \in \partial(S)} c(e)$$

がえられる．たとえば図 6.8 の無向ネットワーク N^* と流れ f に対しては，$t \notin S$ となることから f は最大流で，

$$S = \{s, v_1, v_4, v_3, v_2\}, \qquad \partial(S) = \{v_2 t, v_3 v_5, v_4 v_5\}$$

$$\sum_{a \in \partial(S)} c(a) = 2 + 1 + 2 = 5 = val(f)$$

となる．

定理 6.3.1. 無向ネットワーク N^* における最大流量は最小カット容量に等しい．

$$\max_f val(f) = \min_{X \subset V(N^*)} \sum_{e \in \partial(X)} c(e) \qquad (s \in X, \, t \in \overline{X}) \tag{6.7}$$

6.3 グラフの辺素な道と無向ネットワークにおける流れ

ここで注意を述べる．無向ネットワーク N^* において流れ f があるとき，正の流量の辺には流れ f の方向に向きをつけ，流量 0 の辺は除去して有向グラフをつくる．このとき，もしこの有向グラフに有向閉路 C があれば，この C 上のすべての辺 e の流れを

$$f(e) - \min_{x \in C} f(x)$$

と置き換える．このようにしても，すべての点で流入量と流出量が等しく，新しい流れ f' がえられる．そして f' の流量と f の流量は等しく，また f' においては，C 上に流れ 0 の辺があり，C は f' に関する有向グラフにおいては有向閉路にならない．

よってこの操作を繰り返し用いれば，有向閉路の存在しない流れがえられる．つまり，正の流量の辺全体は有向閉路のない有向グラフとなり，しかも流量が f と等しい流れが存在する．

無向ネットワークにおける流れの結果を多重グラフの言葉で述べよう．多重グラフ G と G の指定された 2 点 s と t を考える．G の 2 本の s-t 道は，辺を共有しないとき**辺素**であるという (図 6.9)．そして互いに辺素な s-t 道の最大個数を $\lambda_G(s,t)$ で表す．

$$\lambda_G(s,t) = \text{互いに辺素な } s\text{-}t \text{ 道の最大個数}$$

また G の辺部分集合 B に対し，もし $G - B$ に s-t 道が存在しないなら B を s と t を分離する辺切断とか簡単に **s-t 分離辺切断**という．

目標は s と t を結ぶ辺素な道の最大個数と，s と t を分離する辺切断の辺の最小個数が等しいという次の関係式を導くことである．

$$\lambda_G(s,t) = \min_{B \subset E(G)} \{|B| \mid B \text{ は } s\text{-}t \text{ 分離辺切断} \}$$

さて，s-t 分離辺切断 B に対して

$$X = \{v \in V(G) \mid G - B \text{ に } s\text{-}v \text{ 道がある} \}$$

とおけば

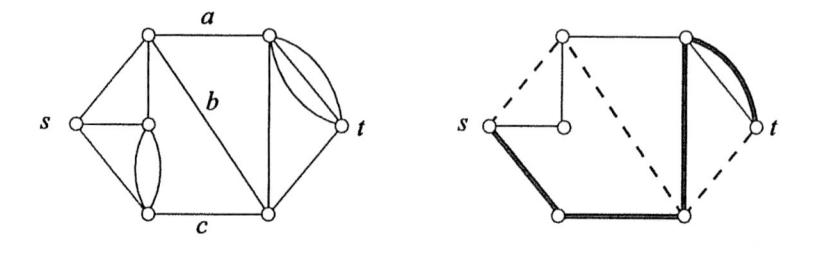

図 6.9　s と t を分離する辺切断 $\{a,b,c\}$ と 3 本の辺素な s-t 道

$$s \in X, \quad t \in \overline{X}, \quad \partial(X) \subseteq B$$

となる．実際，X の定義より X と $\overline{X}$ を結ぶ辺は B に含まれ，$\partial(X) \subseteq B$ となる．また $\partial(X)$ は s-t 分離辺切断だから

$$\min_{B \subset E(G)} |B| = \min_{X \subset V(G)} \{|\partial(X)| \mid s \in X,\, t \in \overline{X}\}$$

ただし，B は s-t 分離辺切断である．

一方，G を各辺の容量が 1 で入口 s と出口 t をもつ無向ネットワークとみなせば，任意の整数流れ f に対して，流量 $val(f)$ と同じ本数の辺素な s-t 道がある．実際，各辺の流量は 1 か 0 であり，上の注意で述べたように，f に関する有向グラフには有向閉路がないと仮定してよい．よって s から流量 1 の辺に沿って進むと，s から t へ行く有向小道がえられるが，有向閉路がないことから同じ点を通ることはなく，これは G においては s-t 道となっている．

この道の辺を除去すれば $val(f)-1$ の流れになっており，同様にして s-t 道がえられる．これを繰り返せば $val(f)$ 本の辺素な s-t 道が求められる (図 6.10)．

また，すべての辺の容量が 1 だからカット容量とカットの辺の個数は等しい．つまり

$$\sum_{e \in \partial(X)} c(e) = |\partial(X)|$$

上の式と定理 6.3.1 より次の定理がえられる．

定理 6.3.2.　多重グラフ G とその 2 点 s と t に対して，互いに辺素な s-t 道の最大個数は，s と t を分離する辺切断に含まれる辺の最小個数に等しい (図

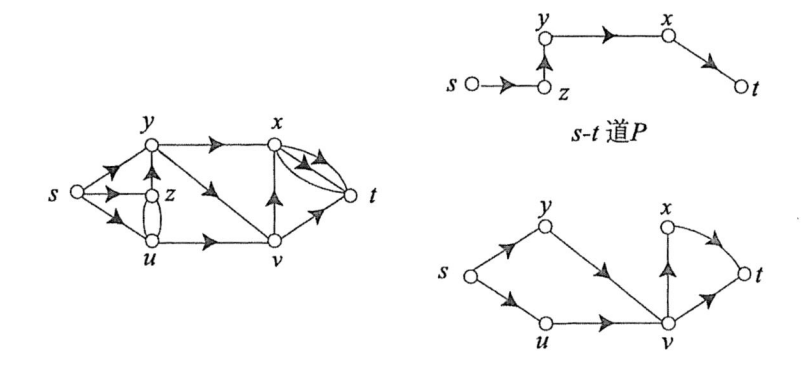

図 6.10 流量 3 の流れ f と s-t 道 P と $G-E(P)$ における流量 2 の流れ

6.9).
$$\lambda_G(s,t) = \min_B |B| \qquad (B \text{ は s-t 分離辺切断}) \tag{6.8}$$

有向多重グラフ D においても同様に，D の 2 本の s-t 有向道は弧を共有しないとき**弧素**であるという．そして互いに弧素な s-t 有向道の最大個数を $\lambda_D(s,t)$ で表す．

$$\lambda_G(s,t) = \text{互いに弧素な s-t 有向道の最大個数}$$

また D の弧の部分集合 B に対し，もし $D-B$ に s-t 有向道が存在しないなら B を s と t を分離する弧切断とか簡単に**s-t 分離弧切断**という．ただし $D-B$ には s-t 有向道はなくても，向きを無視すれば s と t を結ぶ道はあるかもしれない．ここでもネットワークの流れより同様の議論により

$$\lambda_D(s,t) = \min_B |B| \qquad (B \text{ は s-t 分離弧切断}) \tag{6.9}$$

の関係が成り立つことがわかる．

6.4 グラフの内点素な道

この節では点に関して前節と同様なことが成り立つことを示す．グラフ G と隣接していない 2 点 s と t を指定して考える．点 s と t を結ぶ 2 本の道は，両

端点の s, t 以外には共有点がないとき**内点素**であるという (図 6.11)．互いに内点素な s-t 道の最大個数を $\kappa_G(s,t)$ で表す．

$$\kappa_G(s,t) = \text{互いに内点素な } s\text{-}t \text{ 道の最大個数}$$

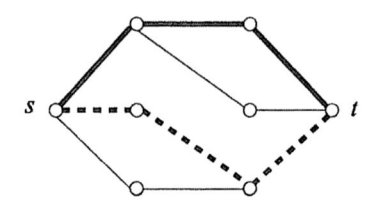

図 6.11 内点素な 2 本の s-t 道（太線と太破線；$\kappa_G(s,t) = 2$）

まずグラフ G から有向グラフ $D(G)$ を次のようにつくる．各点 $v \in V(G) - \{s,t\}$ に $D(G)$ の 2 点 v^+ と v^- を対応させ，これに 2 点 s と t を加えて点集合とする．

$$V(D(G)) = \{v^+, v^- \mid v \in V(G) - \{s,t\}\} \cup \{s,t\}$$

そして，s, t 以外の 2 点 x と y を結ぶ辺 xy が G にあれば，2 つの弧 (x^-, y^+) と (y^-, x^+) を加える．s と v を結ぶ辺があれば，弧 (s, v^+) を加え，t と v を結ぶ辺があれば，弧 (v^-, t) を加える．そして最後に s, t 以外の各点 v に対して，弧 (v^+, v^-) を加える (図 6.12)．

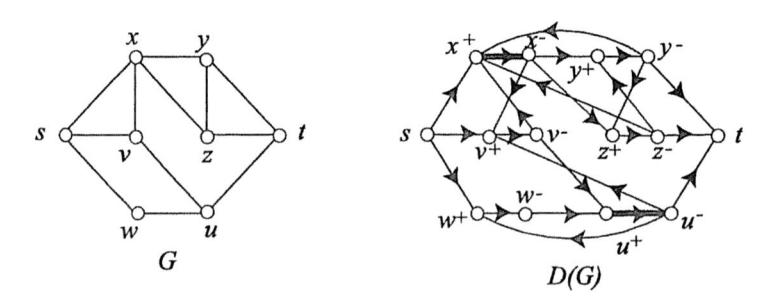

図 6.12 グラフ G と有向グラフ $D(G)$

$$A(D(G)) = \{(s, v^+) \mid v \in N_G(s)\} \cup \{(v^-, t) \mid v \in N_G(t)\}$$
$$\cup \{(x^-, y^+), (y^-, x^+) \mid xy \in E(G), x, y \in V(G) - \{s, t\}\}$$
$$\cup \{(v^+, v^-) \mid v \in V(G) - \{s, t\}\}$$

すると G の互いに内点素な s-t 道と $D(G)$ の弧素な s-t 有向道とは1対1に対応する.たとえば,図 6.13 のグラフ G には内点素な2本の s-t 道があり,これから $D(G)$ の2本の弧素な s-t 有向道がえられている.逆に $D(G)$ の弧素な s-t 有向道から G には内点素な道がえられることも容易にわかる.

さらに

min $\{|S| \mid S$ は G の s-t 分離点切断 $\}$
= min $\{|F| \mid F$ は $\{(x^+, x^-)\}$ の形の $D(G)$ の s-t 分離弧切断 $\}$
= min $\{|B| \mid B$ は $D(G)$ の s-t 分離弧切断 $\}$

が成り立つ.これは次のように考えればわかる.たとえば,$\{x, u\}$ は G の s-t 分離点切断であるが,$D(G)$ においては $\{(x^+, x^-), (u^+, u^-)\}$ が s-t 分離弧切断となっている.また,$\{(x^-, y^+), (x^-, z^+), (u^+, u^-)\}$ は3個の弧からなる $D(G)$ の s-t 分離弧切断であるが,弧 $(x^-, y^+), (x^-, z^+)$ に $(y^+, y^-), (z^+, z^-)$ を対応させてつくった $\{(y^+, y^-), (z^+, z^-), (u^+, u^-)\}$ も s-t 分離弧切断になることからわかる.

ゆえに $D(G)$ に式 (6.9)(p.129) を適応すれば,次の定理がえられる.

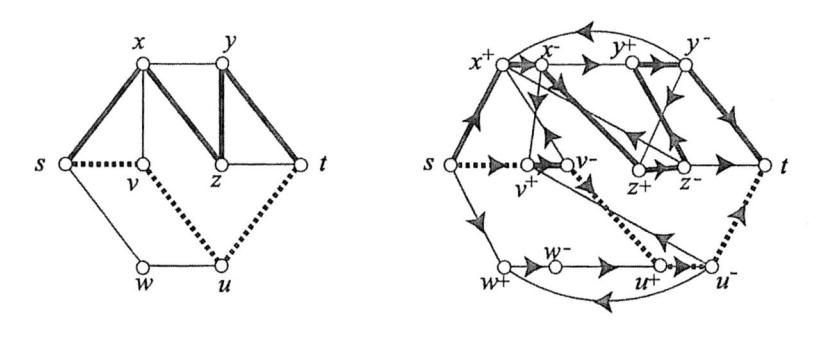

図 6.13 G の内点素な s-t 道と $D(G)$ の弧素な s-t 有向道

定理 6.4.1 (メンガーの定理 (Menger))　連結グラフ G の隣接していない 2 点 s と t に対して,内点素な s-t 道の最大個数は s と t を分離する点切断に含まれる点の最小個数に等しい.

$$\kappa_G(s,t) = \min_{S \subset V}\{|S| \mid S \text{ は } s \text{ と } t \text{ を分離する点切断}\}$$

定理 6.3.2 と定理 6.4.1 を比べてみれば,辺と点に関して類似の結果がえられていることがわかる.これはグラフ理論において特筆すべきことである.

グラフ G の連結度 (p.36) とか辺連結度 (p.37) を求めることはむずかしそうな問題である.しかしグラフ G のすべての 2 点対 $\{s,t\}$ に対して,無向グラフにおける流れのアルゴリズムを適用して $\lambda_G(s,t)$ を求めたり,有向グラフ $D(G)$ に流れのアルゴリズムを適用して $\kappa_G(s,t)$ を求めれば,それらの最小値としてえられる (定理 7.2.6(p.144) 参照).したがって,グラフの辺連結度とか点連結度は多項式時間で効率的に求めることができる.

6.5 演習問題

問題 6.1 図 6.14 の 3 つのネットワークにおいて，s から t への最大流と最小カットを増大道も用いて求めよ．なお，N_1 においては最初に有向道 $(sabdt)$（点列）に沿って 1 流し，N_2 においては最初に有向道 $(scdbt)$（点列）に沿って 2 流し，N_3 においては最初に有向道 $(shfegt)$（点列）に沿って 2 流すものとする．

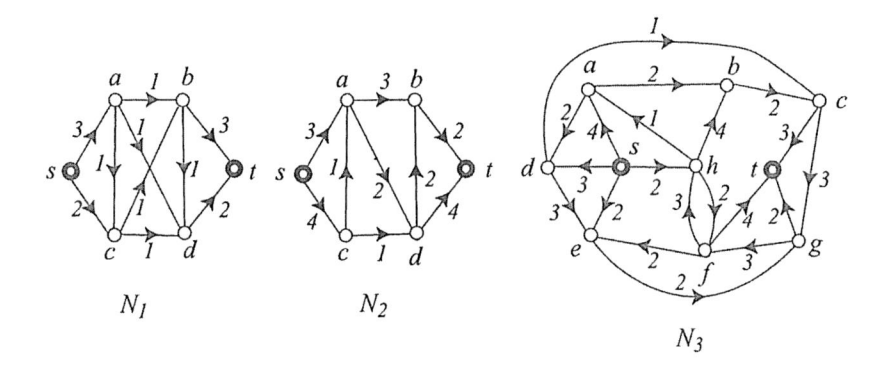

図 6.14 ネットワーク N_1 と N_2 と N_3

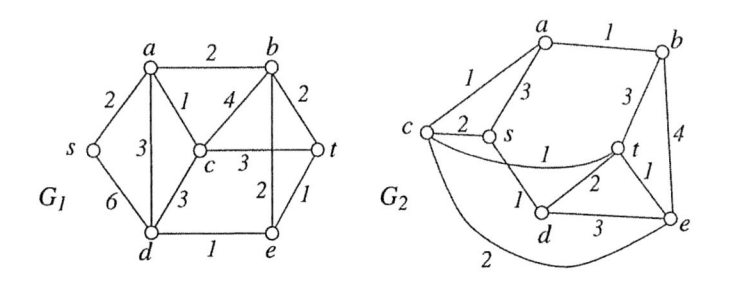

図 6.15 無向ネットワーク G_1 と G_2

問題 6.2 図 6.15 の 2 つの無向ネットワーク G_1 と G_2 において，s から t への最大流と最小カットを増大道も用いて求めよ．なお，G_1 においては最初に道

($sdcabt$) (点列) に沿って 1 流す.

問題 6.3 図 6.16 の多重グラフ G において $\lambda_G(s,t)$ と，この本数の辺素な s-t を求めよ．次にグラフ H において $\kappa_H(s,t)$ とその本数の内点素な s-t 道を求めよ．

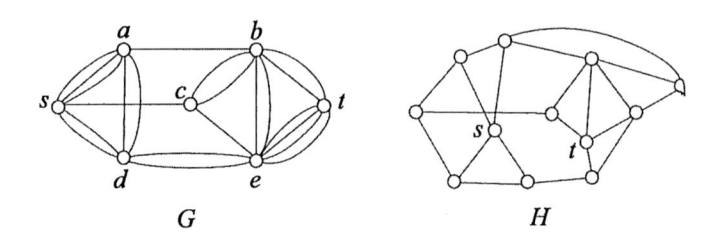

図 6.16 多重グラフ G とグラフ H

問題 6.4 ネットワーク N に流れ f がある．点部分集合 X を入口 s も出口 t も含まないようにとる．つまり $X \subseteq V(N) - \{s,t\}$ とする．このとき

$$\sum_{a \in \partial^+(X)} f(a) = \sum_{a \in \partial^-(X)} f(a)$$

が成り立つことを示せ．物理的には明らかに成り立つ．

問題 6.5 r-正則な 2 部多重グラフ G には完全マッチングが存在することを次のようにして証明せよ．部集合を $X \cup Y$ とし，2 点 s と t を加えてネットワーク N を次のようにつくる．すべての $x \in X$ と s を弧 (s,x) で結び，すべての $y \in Y$ と t を弧 (y,t) で結び，最後に辺 xy ($x \in X$, $y \in Y$) を弧 (x,y) にする．そしてすべての弧の容量を 1 にする (図 6.17)．するとこのネットワーク N には流量 $|X| = |Y|$ の流れがあり，これは最大流でもある．実際すべての弧 (s,x) と (y,t) には 1 流し，弧 (x,y) ($x \in X$, $y \in Y$) には $\frac{1}{r}$ 流せばよい．

ここで整数流定理 (p.125) を適用すると流量が $|X| = |Y|$ で，各弧での流量が 1 または 0 となる流れ f が存在する．これから X のすべての点と Y のすべての点を被覆するマッチングが存在することを導け．

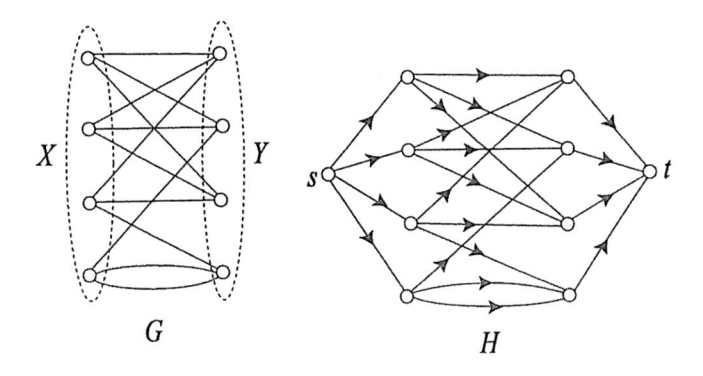

図 6.17　3-正則な 2 部多重グラフ G とネットワーク N

7

グラフの構造

7.1 立方体グラフ

　グラフの構造の例として立方体グラフを調べる．立方体グラフは並列計算機のCPUの結線構造としても利用されており，実際$2^4 = 16$個から$2^{13} = 8192$個のCPUを有するものまでが商用されている．この並列計算機において並列処理をするときにはCPU間でのデータ交換が必要になるが，立方体グラフの性質をうまく利用すると効率的にできる．立方体グラフは一見複雑そうであるが，数学的には単純でわかりやすく，しかもむだがなく，グラフ理論の観点からも興味あるグラフである．

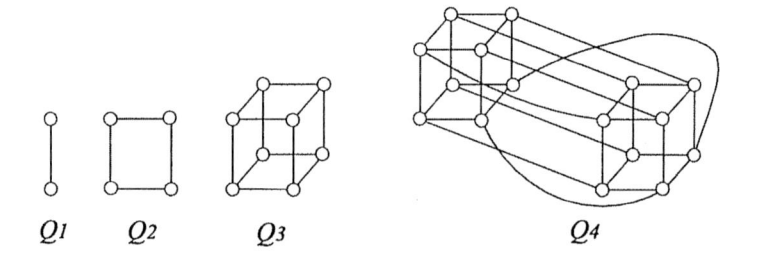

図 7.1　立方体グラフ Q_1, Q_2, Q_3, Q_4

　立方体グラフ Q_1, Q_2, Q_3, Q_4 を図7.1に示した．とくに Q_3 は立方体グラフの名前の由来になっている．また Q_4 は4次元空間における立方体である．さて，一般のn次元立方体グラフQ_n (n-cube) は帰納的に次のように定義される．

7.1 立方体グラフ

Q_n の定義 1　$n-1$ 次元の立方体グラフ Q_{n-1} を 2 つ用意し，対応する 2 点を辺で結ぶ．つまり $Q_n = Q_{n-1} \times K_2$ と定義する．

たとえば図 7.1 の Q_3 は上半分と下半分の 2 つの Q_2 を並べ，対応する 2 点を辺で結んでつくられている．Q_4 も左上と右下の Q_3 の対応する 2 点を辺で結んでつくられている．

しかしこの構成方法では，Q_{10} などの高次元の立方体グラフの性質を調べることはむずかしい．別の構成方法として次の定義がある．

Q_n の定義 2　Q_n の点集合を

$$V(Q_n) = \{(a_1, a_2, \cdots, a_n) \mid a_i \in \{0,1\}\}$$

とおき，2 点 $\boldsymbol{a} = (a_1, a_2, \cdots, a_n)$ と $\boldsymbol{b} = (b_1, b_2, \cdots, b_n)$ は成分が 1 つだけ違うときに限り，辺で結ぶ．

実際，Q_3 を定義 2 に従ってえがくと図 7.2 になり，これは図 7.1 の Q_3 と同じである．

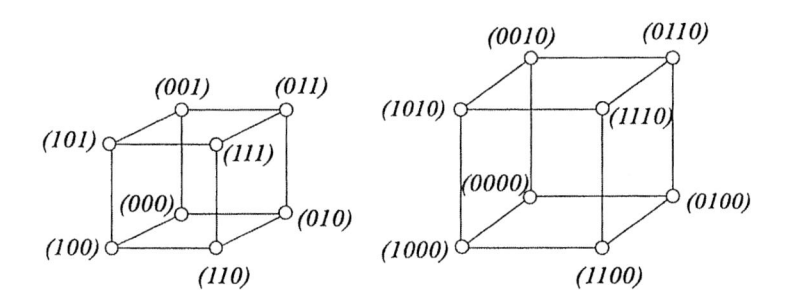

図 7.2　定義 2 による Q_3 と $\{(a_1, a_2, a_3, 0)\}$ から誘導される Q_4 の部分グラフ

上の 2 つの定義で同じグラフが構成できることを説明しよう．一般には n に関する帰納法で証明することになるが，記述を簡単にするために Q_4 の場合を説明する．定義 2 で構成した Q_4 が，定義 1 で構成した Q_4 と同形になることを示す．

まず Q_4 の点集合を 2 つの部分集合に分ける．

$$V(Q_4) = \{(a_1, a_2, a_3, 0)\} \cup \{(a_1, a_2, a_3, 1)\} \qquad (a_i \in \{0,1\})$$

このとき各点部分集合から誘導される部分グラフは, 定義 2 の Q_3 と同形になる (図 7.2). 帰納法の仮定よりこれは定義 1 の Q_3 と同じである. そして, 定義 1 において辺で結ばれる対応する 2 点 $(a_1, a_2, a_3, 0)$ と $(a_1, a_2, a_3, 1)$ は, 第 4 成分だけが異なるので定義 2 でも辺で結ばれている. したがって 2 つの定義で同じ Q_4 が構成される.

定理 7.1.1. 立方体グラフ Q_n の位数は 2^n, サイズは $n2^{n-1}$ で, n-連結な n-正則グラフである.

証明 $V(Q_n) = \{(a_1, a_2, \cdots, a_n) \mid a_i \in \{0,1\}\}$ より Q_n の位数は 2^n である. また任意の点 $(a_1, a_2, \cdots, a_n)$ に対して, これと隣接する点は成分が 1 つずつ違う n 個あり, 点の次数は n となる. つまり Q_n は n-正則グラフである. ここで握手定理 1.3.1(p.13) を用いると

$$n|Q_n| = \sum_{x \in V} \deg_{Q_n}(x) = 2\|Q_n\|$$

となり, サイズ $\|Q_n\| = n2^{n-1}$ がえられる. n-連結性についてはこの後述べる内点素な道の存在から示すことができる (演習問題). □

n-連結グラフの最小次数は n 以上であり, 位数 2^n の n-連結グラフのサイズは $n2^{n-1}$ 以上になる. 一方, Q_n から 1 本の辺を除去すると, この辺が接続する点の次数は $n-1$ となり, 定理 2.2.1(p.38) からもわかるように n-連結ではない. これより Q_n は最小個数の辺からなる n-連結グラフであり, むだのないグラフといえる.

立方体グラフ Q_n の与えられた 2 点に対し, まずこれらを結ぶ最短道を求める問題を考えよう. 記述を簡潔にするためにここでも例を用いて述べるが, この方法は一般に適用できる.

Q_6 の 2 点 (000000) と (001111) を結ぶ最短道の 1 つは

$$(000000) \cdots (001000) \cdots (001100) \cdots (001110) \cdots (001111)$$

である. 一方, 2 点 $\boldsymbol{a} = (011000)$ と $\boldsymbol{b} = (001011)$ 結ぶ最短道を求めるには,

まず各成分を (mod 2) で計算して (0+0=0, 0+1=1, 1+1=0), 点

$$c = a + b = (011000) + (001011) = (010011)$$

を求める. 点 $\mathbf{0} = (000000)$ と $c = (010011)$ を結ぶ最短道は

$$\mathbf{0} = (000000) \cdots (010000) \cdots (010010) \cdots (010011) = c$$

であり,この道の各点に a を加えて並行移動すればよい. 実際

$$\mathbf{0} + a = a, \quad c + a = a + b + a = b$$

となるから a と b を結ぶ次のような最短道がえられる.

$$a = (011000) \cdots (001000) \cdots (001010) \cdots (001011) = b$$

次に与えられた2点を結ぶ n 本の内点素な道を求める問題を考えよう. Q_6 の2点 (000000) と (000111) を結ぶ6本の内点素な道としては

$(000000) \cdots (000100) \cdots (000110) \cdots (000111)$

$(000000) \cdots (000010) \cdots (000011) \cdots (000111)$

$(000000) \cdots (000001) \cdots (000101) \cdots (000111)$

$(000000) \cdots (100000) \cdots (100100) \cdots (100110) \cdots (100111) \cdots (000111)$

$(000000) \cdots (010000) \cdots (010100) \cdots (010110) \cdots (010111) \cdots (000111)$

$(000000) \cdots (001000) \cdots (001100) \cdots (001110) \cdots (001111) \cdots (000111)$

がある. ここで上の道に現れる点は,両端点の (000000) と (000111) 以外はすべて異なることを注意しておく. 2点 $x = (101000)$ と $y = (001011)$ を結ぶ6本の内点素な道は

$$z = x + y = (101000) + (001011) = (100011)$$

とし,まず点 $\mathbf{0} = (000000)$ と $z = (100011)$ を結ぶ6本の内点素な道を求め,道の各点に x を加えて並行移動すればよい.

また，ここで求めた x と y を結ぶ 6 本の内点素な道は，x に隣接する 6 点と y に隣接する 6 点を結ぶ点素な道になっている．したがって，x に隣接する 6 点と y に隣接する 6 点に CPU を置けば，6 対の 2 個の CPU 間で点素な道を用いて独立に通信ができることになる．

7.2 k-連結グラフの性質

この節では k-連結グラフのいくつかの性質について述べる．

定理 7.2.1. k-連結グラフ G に新しい点 w を加え，w と G の任意の k 本の点を新しい辺で結ぶ．するとこの新しいグラフ H も k-連結である (図 7.3)．

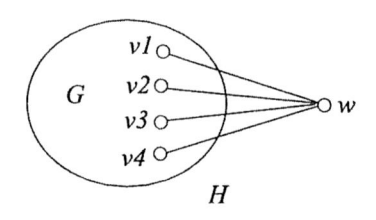

図 7.3 4-連結グラフ G と新しい 4-連結グラフ H

証明 新しい点 w と結ばれる G の k 個の点を $\{v_1, v_2, \cdots, v_k\}$ とおき，新しいグラフを H で表す (図 7.3)．H の $k-1$ 点からなる点部分集合を X とする．

もし $w \notin X$ なら $X \subset V(G)$ で，$G - X$ は連結であり，少なくともある 1 点 v_j は X に含まれていない．このとき $H - X$ には v_j と w を結ぶ辺があり，$H - X$ は連結である．

もし $w \in X$ なら $|X - w| = k - 2$ であり，$H - X = G - (X - w)$ は連結である．ゆえに H は k-連結である． □

定理 7.2.2. k-連結グラフ G において，次数が $2k - 2$ 以上の点 v をとり，

$$N_G(v) = U_1 + U_2, \qquad |U_1| \geq k - 1, \qquad |U_2| \geq k - 1$$

と分割する.そして,$G-v$ に新しい2点 v_1 と v_2 を加え,v_1 と U_1 の点を辺で結び,v_2 と U_2 の点を辺で結び,さらに辺 v_1v_2 を加える.するとえられた新しいグラフ H も k-連結である(図7.4).

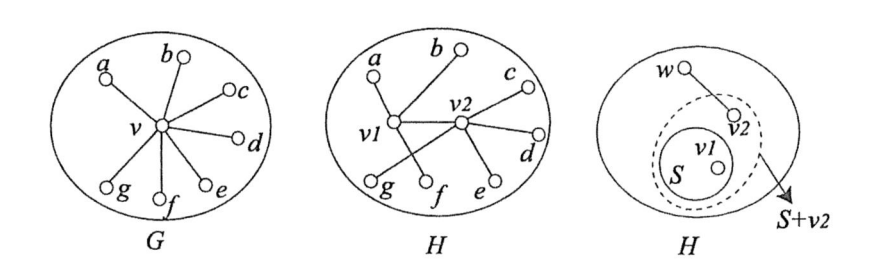

図 7.4 4-連結グラフ G と H ($U_1 = \{a, b, f\}$, $U_2 = \{c, d, e, g\}$)

証明 新しいグラフを H とし,$V(H) = V(G) - v + \{v_1, v_2\}$ とおく.H に $k-1$ 個の点からなる点切断 S があると仮定する.

もし $S \cap \{v_1, v_2\} = \emptyset$ なら S が G の点切断となり,G が k-連結であることに反する.もし $\{v_1, v_2\} \subseteq S$ なら $S - \{v_1, v_2\} + v$ が $|S| - 1 = k - 2$ 個の点からなる G の点切断となり,やはり G が k-連結であることに反する.よって $v_1 \in S$, $v_2 \notin S$ と仮定してよい.

このとき $|S| = k - 1$ と $\deg_H(v_2) \geq k$ より点 $w \in N_H(v_2) \setminus S$ がある.また $|S - v_1 + v| = k - 1$ より $H - (S + v_2) = G - (S - v_1 + v)$ は連結で,$H - S$ には v_2 と w を結ぶ辺がある(図7.4).ゆえに $H - S$ は連結である.しかし,これは S が H の点切断であることに矛盾する. □

上の定理7.2.2で述べた k-連結グラフの構成法については,次のことが知られている.車輪グラフ (p.25) は 3-連結グラフであるが,任意の 3-連結グラフは,ある車輪グラフから出発して,辺の追加と上の定理7.2.2で述べた操作を繰り返すことによってえられる.

定理 7.2.3. 2-連結グラフ G の任意の 2 点に対して,これらを通る閉路がある(図7.5).

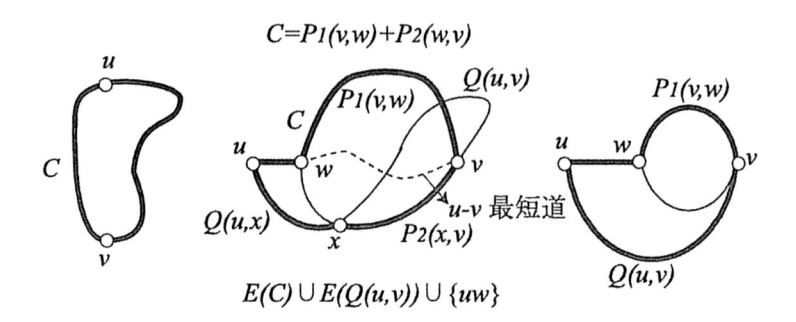

図 7.5　2-点を通る閉路；部分グラフ $E(C) \cup E(Q(u,v)) \cup \{vw\}$

証明　まず定理 2.2.1(p.38) より G は 2-辺連結だから，任意の辺 e に対して $G-e$ は連結であることを注意しておく．

G の任意の 2 点 u, v に対して，u と v を通る閉路が存在することを距離 $d(u,v)$ に関する帰納法で証明する．

$d(u,v) = 1$ の場合，つまり u と v が隣接している場合を考える．G から辺 uv を除去したグラフ $G-uv$ は連結だから，$G-uv$ には u-v 道 P が存在する．すると $P + uv$ は u と v を通る閉路である．ゆえに $d(u,v) \geq 2$ と仮定してよい．

2 点 u と v を結ぶ最短な道の上にある u と隣接する点を w とする．$d(w,v) = d(u,v) - 1$ と帰納法の仮定より，w と v を通る閉路 C がある．また $G-w$ は連結だから $G-w$ には u-v 道 $Q(u,v)$ がある．$Q(u,v)$ はもちろん w を通らない u と v を結ぶ G の道でもある．

G の辺部分集合から誘導される部分グラフ

$$E(C) \cup E(Q(u,v)) \cup \{uw\}$$

のなかに u と v を通る閉路が存在することを示そう (図 7.5)．閉路 C を $C = P_1(v,w) + P_2(w,v)$ と 2 つの v-w 道に分ける．もし $Q(u,v)$ と C が交わっていないなら

7.2 k-連結グラフの性質

$$P_1(v,w) + wu + Q(u,v)$$

が v と u を通る閉路である (図 7.5 右). もし $Q(u,v)$ と C が交わっていれば, $Q(u,v)$ 上を u から出発し C と最初に交わる点を x とする. そして, もし x が $P_2(w,v)$ にあれば

$$P_1(v,w) + wu + Q(u,x) + P_2(x,v)$$

が v と u を通る閉路になる (図 7.5 中). ここで $Q(u,x)$ は道 Q の u-x 部分であり, $P_2(x,v)$ は道 $P_2(w,v)$ の x-v 部分を表す. x が $P_1(v,w)$ あるときも, 同様に所望の閉路がある. ゆえに 2 点 u と v を通る閉路は常に存在する. □

定理 7.2.4. 2-連結グラフ G において次が成り立つ (図 7.6).
 (i) 任意の 1 点と任意の 1 辺に対して, これらを通る閉路がある.
 (ii) 任意の 2 辺に対して, これらを通る閉路がある.

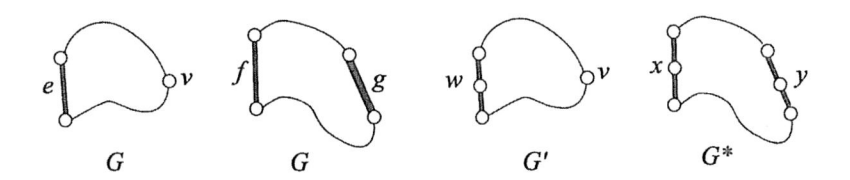

図 7.6 点 v と辺 e を通る閉路; 2 辺 g と f を通る閉路; G' と G^*

証明 (i) 2-連結グラフ G の点 v と辺 e をとる. e に次数 2 の新しい点 w を加えてできるグラフを G' とする (図 7.6). すると G' も 2 連結グラフである (演習問題). よって定理 7.2.3 より G' において v と w を通る閉路がある. これは明らかに G において v と e を通る閉路になっている.

(ii) G の 2 辺 g と f をとる. g と f にそれぞれ次数 2 の新しい点 x と y を加えてできるグラフを G^* とする (図 7.6). すると G^* は 2 連結グラフである. よって定理 7.2.3 より G^* において x と y を通る閉路がある. これは G において g と f を通る閉路になっている. □

次のメンガーの定理は定理 6.4.1 で述べたものであるが, 再録する.

定理 7.2.5 (メンガーの定理) 連結グラフ G の隣接していない 2 点 s, t に対して，互いに内点素な s-t 道の最大個数は，s と t を分離する点切断に含まれる点の最小個数に等しい．

これから k-連結グラフを特徴づける次の定理が容易に導かれる．

定理 7.2.6 (Whitney) グラフ G が k-連結であるための必要十分条件は，任意の 2 点 s, t に対して，互いに内点素な s-t 道が k 本存在することである．

証明 もし G の任意の 2 点 s, t に対して，互いに内点素な s-t 道が k 本あるなら，G が k-連結になることは容易にわかる．実際もし点切断 S があれば，$G - S$ の異なる成分に含まれる 2 点に対して，これらを結ぶ内点素な道が k 本ある．よって S はこれらの各道の少なくとも 1 点を含んでいるから $|S| \geq k$ となるからである．

したがって k-連結グラフ G には，任意の 2 点 s, t に対して，互いに内点素な s-t 道が k 本存在することを示せばよい．

G の任意の 2 点 s, t をとる．もし 2 点 s, t が隣接していなければ，定理 7.2.5 より互いに内点素な s-t 道が k 本存在する．よって s と t は隣接していると仮定してよい．s と t を結ぶ辺を $e = st$ とする．$G - e$ は $(k-1)$-連結だから (演習問題)，s-t 分離点切断には $k - 1$ 個以上の点が含まれる．したがって定理 7.2.5 より $G - e$ には互いに内点素な $k - 1$ 本の s-t 道がある．これに 1 個の辺 e からなる s-t 道を加えれば，内点素な k 本の道がえられる．□

定理 7.2.7. k-連結グラフ G の $k + 1$ 個の異なる点 $v, u_1, u_2, \cdots, u_k$ に対して，v と u_i ($1 \leq i \leq k$) を結ぶ k 本の内点素な道がある．ここで内点素とは点 v だけを共有することをいう (図 7.7)．

証明 G に新しい点 w を加え，w と u_i ($1 \leq i \leq k$) を辺で結んで新しいグラフ H をつくる．すると定理 7.2.1(p.140) より H は k-連結となり，上の定理 7.2.6 より v と w を結ぶ内点素な k 本の道がある．これらの道から w を除

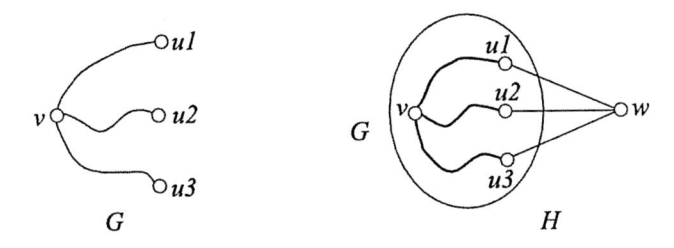

図 7.7 3-連結グラフ G と v と u_1, u_2, u_3 を結ぶ内点素な 3 本の道

けば，v と u_i $(1 \leq i \leq k)$ を結ぶ k 本の G の道がえられる (図 7.4). □

定理 7.2.8. $k \geq 2$ とする．k-連結グラフ G の k 個の異なる点 $u_1, u_2, \cdots, u_k$ に対して，これらを通る閉路がある．ただし通る順番は不明である．

証明 定理 7.2.3 より 2 点 u_1 と u_2 を通る閉路がある．よって $k \geq 3$ と仮定してよい．以下，各 n $(2 \leq n < k)$ に対して，もし $u_1, u_2, \cdots, u_n$ を通る閉路 C が存在すれば，これらの点のほかにさらに u_{n+1} も通る閉路が存在することを証明する．もしこれが示されれば，$n = 2$ から始めて，これを繰り返し用いてすべての u_i $(1 \leq i \leq k)$ を通る閉路が存在することがわかる．

$u_1, u_2, \cdots, u_n$ を通る閉路 C が存在すると仮定する．C はどのような順番にこれらの点を通っているかわからないが，番号をつけ替えて C は $u_1, u_2, \cdots, u_n$ の順番に通ると仮定してよい．

もし $|C| = n$ なら $V(C) = \{u_1, u_2, \cdots, u_n\}$ である．定理 7.2.7 より u_{n+1} と u_i $(1 \leq i \leq n)$ を結ぶ内点素な n 本の道 $P(u_{n+1}, u_i)$ $(1 \leq i \leq n)$ があるが，このとき

$$C - u_1 u_2 + P(u_{n+1}, u_1) + P(u_{n+1}, u_2)$$

は $u_1, u_2, \cdots, u_{n+1}$ を通る所望の閉路になる (図 7.8)．よって $|C| \geq n+1$ と仮定してよい．

$n + 1 \leq k$ と定理 7.2.7 より，C から勝手に選んだ $n+1$ 個の点に対して，u_{n+1} とこれらの点を結ぶ内点素な $n+1$ 本の道がある．これらの道と C が最初に交わる点を $x_1, x_2, \cdots, x_{n+1}$ とおく．一方 C は n 個の点 $u_1, u_2, \cdots, u_n$ によ

り n 個の部分 $C(u_i, u_{i+1})$ に分かれる．ここで $C(u_i, u_{i+1})$ は両端点 u_i と u_{i+1} を含むものとする．すると n 個の部分 $\{C(u_i, u_{i+1})\}$ に $n+1$ 個の点 $\{x_i\}$ があることより，ある部分 $C(u_t, u_{t+1})$ に 2 点 x_r と x_s が含まれている．このとき

$$C - C(x_r, x_s) + P(u_{n+1}, x_r) + P(u_{n+1}, x_s) \qquad (\text{図 7.8})$$

は点 $u_1, u_2, \cdots, u_{n+1}$ を通る閉路である．□

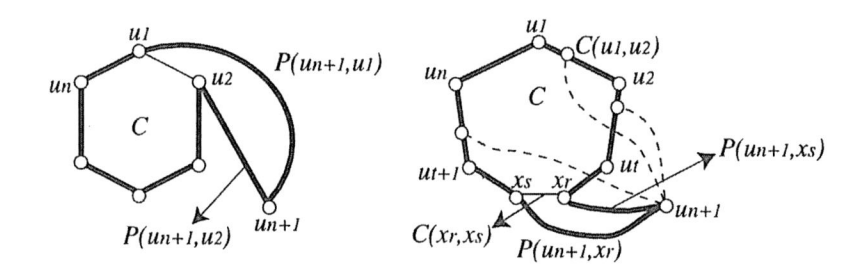

図 7.8　$u_1, u_2, \cdots, u_n$ を通る閉路 C と u_{n+1} も通る閉路．なお，右図における線は一般には道を表わす．たとえば u_n と u_1 を結ぶ線は u_n と u_1 を結ぶ道 $C(u_n, u_1)$ である．

k-連結グラフの閉路については次のようなことも成り立つ．

定理 7.2.9 (Häggkvist, Thomassen)　k-連結グラフ G の任意の $k-1$ 個の独立な辺に対して，これらを通る閉路が存在する．なお，独立な辺とは，共有点がなく辺集合がマッチングをなすものをいう (図 7.9)．

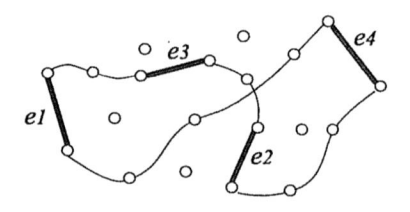

図 7.9　5-連結グラフにおける 4 個の独立な辺を通る閉路 (イメージ)

7.2 k-連結グラフの性質

メンガーの定理を流れの理論によらずグラフ理論的に独立に証明する方法はいくつか知られている．ここでは金子による証明の概略を紹介する．なお，

$$\kappa_G(s,t) = \text{互いに内点素な } s\text{-}t \text{ 道の最大個数}$$

である．また，点に関する連結性の理論では多重辺のないグラフだけを扱えばよいので，辺 e による縮約グラフ G/e は，e で縮約した後で多重辺を 1 本の辺に置き換えてえられるグラフを表すものとする (図 7.10)．

次の定理がメンガーの定理の証明の中心部分であり，十字論法とよばれる手法によって簡潔に証明されるが，ここでは省略する．

定理 7.2.10 (金子) 連結なグラフ G と隣接していない 2 点 s と t を考える．このとき s と t のどちらにも接続していない任意の辺 e に対して，

$$\kappa_{G-e}(s,t) = \kappa_G(s,t) \quad \text{または} \quad \kappa_{G/e}(s,t) = \kappa_G(s,t)$$

の少なくとも一方は成り立つ (図 7.10)．

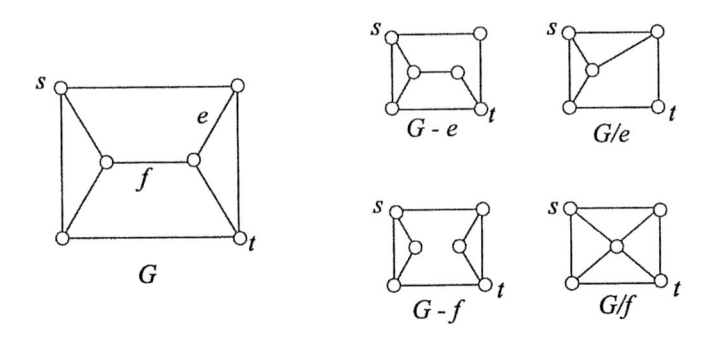

図 7.10 $\kappa_G(s,t) = \kappa_{G-e}(s,t) = \kappa_{G/f}(s,t) = 3$

メンガーの定理 7.2.5 の証明 互いに内点素な k 本の s-t 道があると仮定する．すると s と t を分離する任意の点切断 S は，この k 本の各道の内点 (s,t 以外の点) を少なくとも 1 つ含むから，$|S| \geq k$ となっている．

逆に，s と t を分離する任意の点切断には，k 個以上の点が含まれていると仮定する．

s にも t にも接続しない G の辺 e に対して，定理 7.2.10 を適用して

$$\kappa_{G-e}(s,t) = \kappa_G(s,t) \quad \text{となる} \quad G-e \quad \text{か，または}$$

$$\kappa_{G/e}(s,t) = \kappa_G(s,t) \quad \text{となる} \quad G/e$$

のどちらか一方をつくる．この操作を可能な限り続けていき，最後にえられたグラフを H とする．すると H においては，すべての辺が s または t に接続しており，また $\kappa_H(s,t) = \kappa_G(s,t) = k$ となっている (図 7.11)．

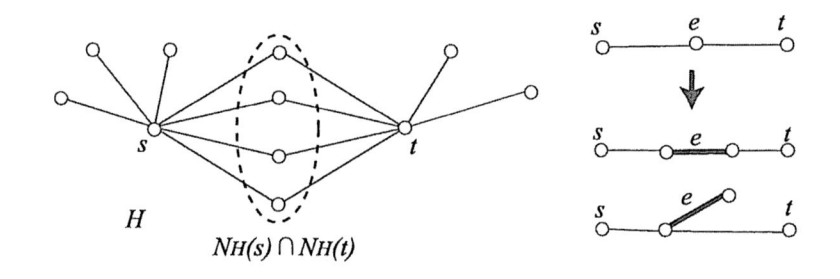

図 7.11　グラフ H

H においては，$N_H(s) \cap N_H(t)$ が s-t 分離点切断となるが，$\kappa_H(s,t) = k$ よりここには k 個以上の点がある．したがって H には，s と t 結ぶ長さ 2 の内点素な k 本の道がある (図 7.11)．

そして，s と t 結ぶ道にある縮約されて 1 点になった辺を，H から G へ逆にたどって順々に元の 2 点と 1 辺に戻していく．なお，除去された辺とか，これらの道にない縮約された点については何もしない．たとえば図 7.11 の右図において，s-t 道にある縮約されて 1 点になった辺 e を元に戻すと 2 通りの場合が生じるが，いずれの場合も s-t 道は存在する．そして図 7.11 の右下のように不要な辺が生じたときはこの辺を除去して s-t 道をつくる．

このようにして H における内点素な k 本の s-t 道から，G において互いに内点素な k 本の s-t 道がえられる．ゆえにメンガーの定理は証明された．□

7.3 結婚定理とその応用

いま何人かの男と女からなるグループがある．このとき，すべての男が好きな女と結婚できるための条件を考えてみよう．ただし，結婚できない女が出ることは許されるものとする．もちろん立場を逆にして，結婚できない男が出ることを許して，すべての女が好きな男と結婚できるための条件を求める問題と解釈してもよい．

このとき，すべての男が好きな女と結婚できたと仮定する．すると任意の k 人の男に対して，このなかのだれかに好かれている女は明らかに k 人以上いる．結婚定理はこの自明な必要条件が，すべての男が好きな女と結婚できるための十分条件にもなっていることを主張している．

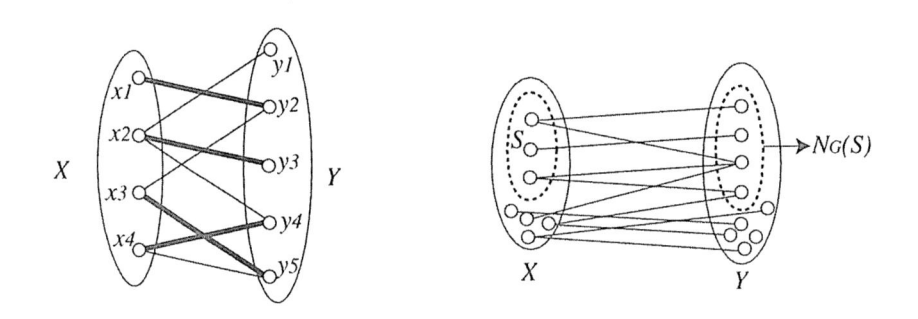

図 7.12　X を被覆するマッチング ＝ { 太線 }；S と $N_G(S)$

さて，上の問題をグラフを用いて述べてみよう．男の集合を X で，女の集合を Y で表し，好きな男 x と好きな女 y を辺で結ぶ．すると $X \cup Y$ を部集合とする 2 部グラフ G がえられる．結婚するペアは 1 つの辺に対応し，結婚するペアの集合はマッチングになっている．

マッチングの辺の端点となっている点は，このマッチングによって**被覆**されているという．これらの言葉を用いれば，上の問題は，X を被覆するマッチングが存在するための条件を求めることになる．

定理 7.3.1 (結婚定理 (Hall))　$X \cup Y$ を部集合とする 2 部グラフ G において，X を被覆するマッチングが存在するための必要十分条件は，X の任意の部分集合 S に対して，S と隣接する点の個数が $|S|$ 個以上あることである．つまり

$$|N_G(S)| \geq |S| \qquad (\forall S \subseteq X) \tag{7.1}$$

が成り立つことである．

証明とアルゴリズム　X を被覆するマッチング M が存在すれば，任意の $S \subseteq X$ に対して，

$$|N_G(S)| \geq |N_M(S)| = |S|$$

となり，式 (7.1) は成り立つ．

　よって式 (7.1) が成り立つと仮定して，X を被覆するマッチングが存在することを示そう．2 部グラフ G に入口 s と出口 t を加え，s から X の各点へ向かって弧をかき，Y の各点から t へ向かって弧をひく．さらに G のすべて辺を X から Y へ向う弧にし，最後にすべての弧の容量を 1 にする．こうしてネットワーク N をつくる (図 7.13)．

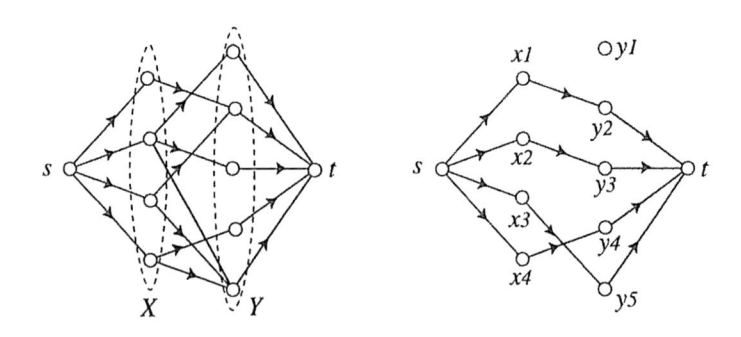

図 7.13 ネットワーク N と流れ f；弧の容量は 1

　もしネットワーク N において s から t へ流量 $|X|$ の流れ f が存在すれば，整数流定理 6.2.1(p.125) より流量 $|X|$ の整数値の流れがある．各弧の容量は 1 な

7.3 結婚定理とその応用

ので流れのある弧の流量は1である．よってsからXへ向う弧の流量はすべて1で，XからYへ向かう流量1の弧の全体はXを被覆するGのマッチングになる(図7.13と図7.12)．したがって流量$|X|$の流れが存在することを示せばよい．

ネットワークNの任意のカット$\partial^+(T)$ ($s \in T$, $t \in \overline{T}$) に対して，Tのカット容量$|\partial^+(T)|$を計算しよう．$A(U,W)$でUからWへ向かうNの弧の集合を表すと，図7.14と式(7.1)より

$$|A(X \cap T, Y \setminus T)| + |A(Y \cap T, t)|$$
$$\geq |N_G(X \cap T) \cap (Y \setminus T)| + |Y \cap T| \geq |N_G(X \cap T)| \geq |X \cap T|$$

(これは$T \cap Y = \emptyset$でも成り立つことに注意)．これより

$$\sum_{a \in \partial^+(T)} c(a) = |A(s, X \setminus T)| + |A(X \cap T, Y \setminus T)| + |A(Y \cap T, t)|$$
$$\geq |X \setminus T| + |X \cap T| = |X|$$

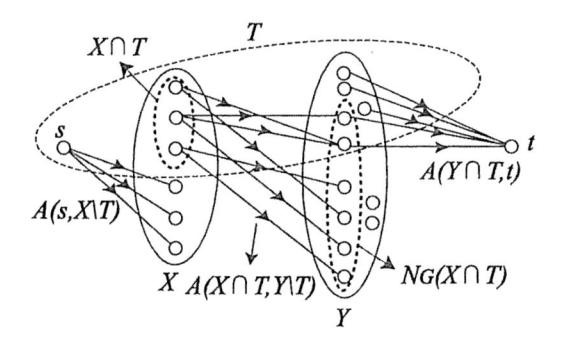

図7.14 $\partial^+(T)$；不必要な弧はNから除いてえがいてある

一方カット$\partial^+(\{s\})$の容量は$|X|$だから最小カット容量は$|X|$となる．ゆえに最大流・最小カット定理6.1.1 (p.121)より流量$|X|$の流れが存在し，定理は証明された．

また，最大流を求めるアルゴリズムをネットワークNに適応することによ

り，X を被覆するマッチングがえられるか，またはその非存在がわかる． □

別証明 グラフの構造理論でよく現れる典型的な手法によって証明することもできる．

必要性は前の証明で示したようにやさしいので，十分性だけを証明する．式 (7.1) が成り立つと仮定する．

X を被覆するマッチングが存在することを，$|X|$ に関する帰納法で証明する．2 つの場合に分けて考える．

場合 1 すべての $\emptyset \neq S \subset X$ に対して $|N_G(S)| \geq |S| + 1$ となるとき．

1 つの辺 $e = vw$ $(v \in X, w \in Y)$ をとり，
$$H = G - \{v, w\}$$
とおく (図 7.15)．すると H は $(X - v) \cup (Y - w)$ を部分集合とする 2 部グラフである．また任意の $T \subseteq X - v$ に対して，場合 1 の仮定より
$$|N_H(T)| \geq |N_G(T) \setminus \{w\}| \geq |T| + 1 - 1 = |T|$$
となる．よって H は式 (7.1) を満たす．したがって帰納法の仮定により，H には $X - \{v\}$ を被覆するマッチング M が存在する．このとき $M + e$ は，X を被覆するマッチングになっている．

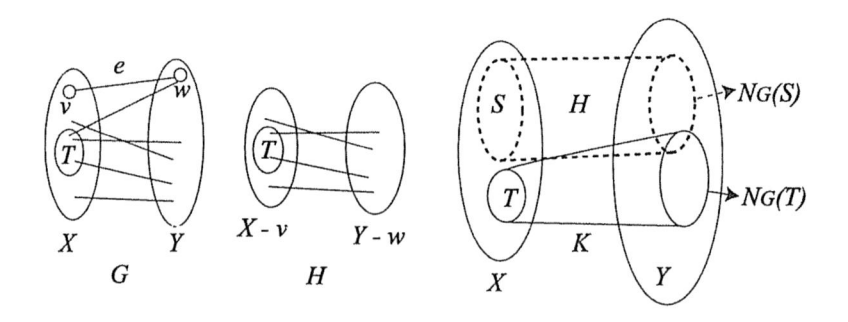

図 7.15 (1) 場合 1 の図；(2) 場合 2 の図

場合 2 ある $\emptyset \neq S \subset X$ に対して $|N_G(S)| = |S|$ となるとき．

$$H = \langle S \cup N_G(S) \rangle_G \qquad K = G - (S \cup N_G(S))$$

とおく (図 7.15). H は $S \cup N_G(S)$ を部集合とする 2 部グラフで,式 (7.1) を満たすから,帰納法の仮定より H には S を被覆するマッチング M_1 がある. K は $(X - S) \cup (Y - N_G(S))$ を部集合とする 2 部グラフで,任意の $T \subseteq X - S$ に対して式 (7.1) と S の選び方より

$$N_K(T) = N_G(T) \setminus N_G(S) = N_G(S \cup T) - N_G(S)$$
$$|N_K(T)| = |N_G(S \cup T)| - |N_G(S)| \geq |S \cup T| - |S| = |T|$$

となる.よって帰納法の仮定より K にも $X - S$ を被覆するマッチング M_2 がある. $M_1 \cup M_2$ は明らかに X を被覆するマッチングである. □

結婚定理は 2 部グラフで成り立つ定理として述べたが,2 部多重グラフ G でも同じ式 (7.1) が X を被覆するマッチングが存在するための必要十分条件になっている.これは G の多重辺を 1 本の辺に置き換えてえられる 2 部グラフを H とすると

$$N_H(S) = N_G(S) \qquad (S \subseteq X)$$

となるからである.つまり G において式 (7.1) が成り立てば,これから H においても式 (7.1) が成り立ち,H には X を被覆するマッチングがある.これはもちろん G における X を被覆するマッチングでもある.

さて,結婚定理はさまざまな状況で応用されるが,その例を 1 つ述べる.
r-正則な 2 部多重グラフを G とし,その部集合を $X \cup Y$ とする.すると $|X| = |Y|$ となることが容易にわかる (演習問題).したがって,もし G に X を被覆するマッチングがあれば,それは Y も被覆している.このようにすべての点を被覆するマッチングを**完全マッチング**とか**1-因子**という.

定理 7.3.2. r-正則な 2 部多重グラフの辺集合は,r 個の完全マッチングに分解できる (図 7.16, 図 7.18H).

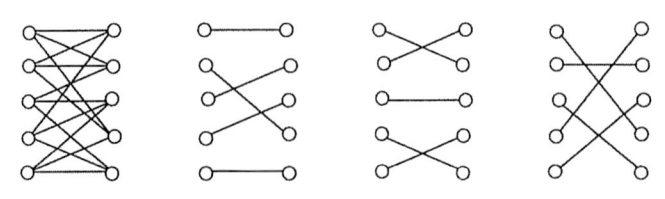

図 7.16 3-正則な 2 部グラフの完全マッチング分解

証明 r-正則な 2 部多重グラフを G とし, その部集合を $X \cup Y$ とする. X の任意の部分集合を S とする. すると S と $N_G(S)$ を結ぶ辺の個数 $e_G(S, N_G(S))$ の評価より

$$r|S| = e_G(S, N_G(S)) \leq e_G(X, N_G(S)) = r|N_G(S)|$$

となるから

$$|S| \leq |N_G(S)|$$

ゆえに結婚定理より G には X を被覆するマッチング M がある. $|X| = |Y|$ だから M は Y も被覆しており, G の完全マッチングとなっている.

G から M の辺を除去した $G - M$ は $(r-1)$-正則な 2 部多重グラフになるから, 同じ議論により完全マッチングをもつ. この議論を繰り返せば $E(G)$ は完全マッチングに分解できる. □

次の定理 7.3.3 の証明は演習問題とする.

定理 7.3.3. 2 部多重グラフ G の最大次数を $\Delta = \Delta(G)$ とおく. すると G を部分グラフとして含む Δ-正則な 2 部多重グラフが存在する (図 7.17).

定理 7.3.4. 2 部多重グラフ G の最大次数を $\Delta = \Delta(G)$ とおく. すると G の辺集合は Δ 個のマッチングに分解できる. つまり G は Δ 色で辺彩色できる (図 7.18).

証明 定理 7.3.3 より, G を含む Δ-正則な 2 部多重グラフ H が存在する. 定理 7.3.2 より H は Δ 個の完全マッチングに分解される.

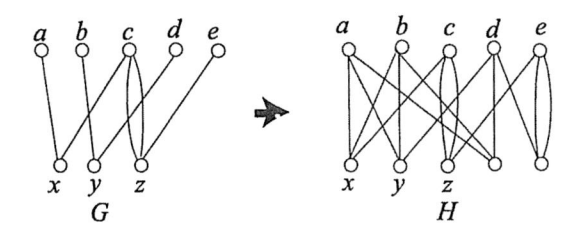

図 7.17　G を含む 3-正則 2 部多重グラフ H

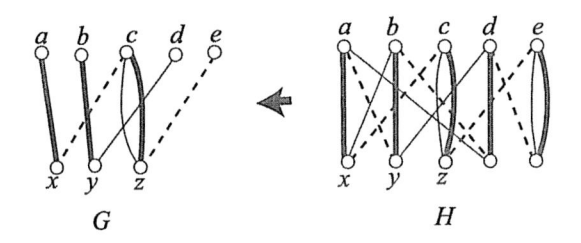

図 7.18　2 部多重グラフ G の 3 個のマッチングへの分解

$$E(H) = F_1 \cup F_2 \cup \cdots \cup F_\Delta \quad (各 F_i は完全マッチング)$$

この分解を G に制限すれば G のマッチング分解がえられる.

$$E(G) = (E(G) \cap F_1) \cup (E(G) \cap F_2) \cup \cdots \cup (E(G) \cap F_\Delta) \quad \square$$

グラフ G の点部分集合 U は, G のすべての辺が U の点と接続しているとき, つまり各辺の少なくとも 1 つの端点が U に含まれているとき G の点被覆とよばれる. 点の個数が最小の点被覆を最小点被覆という (図 7.19).

グラフ G の最大マッチングを M, 最小点被覆を U とする. すると M の各辺 e に対して, e の両端点のうち少なくとも一方は U に含まれ, これらはすべて異なるから, $\|M\| \leq |U|$ となる. 一般にはこれ以上の関係はえられないが, 2 部グラフにおいては次の定理が示すように等号が成り立つ. この定理も結婚定理を利用した補題を用いて証明されるが, 証明は省略する.

定理 7.3.5 (König)　2 部グラフ G において, G の最大マッチングを M,

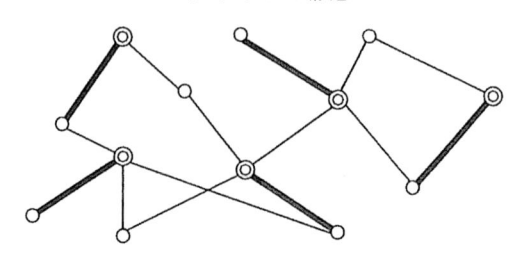

図 7.19　2部グラフの最大マッチングと最小点被覆 $U = \{2\,\text{重}\bigcirc\}$

最小点被覆を U とすると

$$\|M\| = M \text{ の辺の個数} = U \text{ の点の個数} = |U|$$

また，最小点被覆は最大マッチングを利用して効率的に求められる (演習問題).

上の定理は各成分が 0 と 1 からなる $(0,1)$-行列の意外な性質も表している.

定理 7.3.6. $(0,1)$-行列を A とする. A の 1 からなる成分で，どの 2 つも同じ行，同じ列にないものの最大個数 β で表し，A のすべての 1 を含むように選んだ行および列の最小個数を α とすると，$\beta = \alpha$ となる (図 7.20).

$$\begin{pmatrix} 1 & 1 & 0 & ① & 1 \\ 0 & ① & 0 & 0 & 0 \\ 0 & 1 & 0 & 0 & 0 \\ 1 & 0 & 0 & 1 & ① \end{pmatrix} \quad \begin{array}{c} \\ x_1 \\ x_2 \\ x_3 \\ x_4 \end{array} \begin{array}{c} y_1\ y_2\ y_3\ y_4\ y_5 \\ \begin{pmatrix} 1 & 1 & 0 & 1 & 1 \\ 0 & 1 & 0 & 0 & 0 \\ 0 & 1 & 0 & 0 & 0 \\ 1 & 1 & 0 & 1 & 1 \end{pmatrix} \end{array}$$

$\beta = \bigcirc$ の成分の個数 $= 3$,
$\alpha = \{1\,\text{行}, 4\,\text{行}, 2\,\text{列}\,\}$ の個数 $= 3$

図 7.20　$\{0,1\}$-行列

証明　$A = (a_{ij})$ を $n \times m$ 行列とし，行に対応する点集合 $X = \{x_1, x_2, \cdots, x_n\}$ と列に対応する点集合 $Y = \{y_1, y_2, \cdots, y_m\}$ をとり，$X \cup Y$ を部集合とする 2 部グラフ G を次のように定義する.

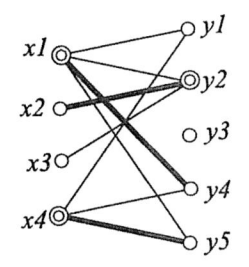

図 7.21 $\{0,1\}$-行列に対応する 2 部グラフとマッチングと点被覆

$a_{ij} = 1$ のときに限り x_i と y_j を辺で結ぶ (図 7.20).

すると，行列 A の 1 からなる成分で，どの 2 つも同じ行，同じ列にない $\{○の成分\}$ は G のマッチングに対応し，行列 A のすべての 1 の成分を含むように選んだ行および列は，この 2 部グラフの点被覆に対応している．

たとえば行列 A の $\{○の成分\}$ は，図 7.21 のマッチングに対応し，A の $\{1\,行, 4\,行, 2\,列\}$ は，点集合 $\{x_1, x_4, y_2\}$ に対応し，これはグラフの点被覆になっている．

ゆえに定理 7.3.5 より $\beta = \alpha$ となる． □

7.4 グラフのマッチング

この節では一般のグラフにおけるマッチングについて考える．まずいくつかの用語の確認をする．互いに独立な辺の集合を マッチングといい，すべての点を被覆するマッチングを完全マッチング(perfect matching) とか1-因子(1-factor) とよんだ．また，辺の個数が最大のマッチングを最大マッチングという．

たとえば図 7.22 のグラフ G において，$M = \{a, b, c, d\}$ はマッチングで，$N = \{b, e, f, g, h\}$ は最大マッチングである．また，点 v は M で被覆されている点，w は M で被覆されていない点である．

マッチングとか1-因子と関係する問題としては次のようなものがある．何人かの学生が入寮を希望しているが，寮の 1 室は 2 人で使うことになっている．なるべく多くの学生が気の合う人と同室になるようにするには，どのような組

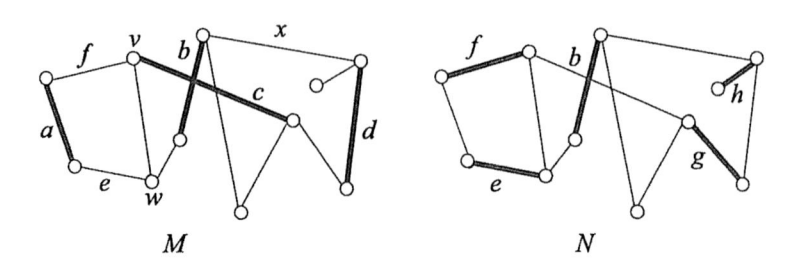

図 7.22 マッチング $M = \{a, b, c, d\}$ と最大マッチング $N = \{b, e, f, g, h\}$

み合わせで部屋割りを決めればよいか.

まず入寮希望者を点で表し，同室になってもよい 2 人を辺で結んでグラフ G をつくる．すると G の最大マッチングが所望の部屋割りを与えている．もし G に完全マッチングがあれば，全員が希望の者と同室できることになる．このほかにもいろいろな問題がマッチングの問題に帰着される.

グラフ G の 2 つのマッチング M と N に対して，

$$M \triangle N = (M \cup N) - (M \cap N), \qquad \overline{M} = E(G) - M$$

と定義する．グラフ G とそのマッチング M に対して，G の道で M の辺と $\overline{M}$ の辺が交互に並んでいるものを **M-交互道**という．たとえば図 7.22 において，$(eafc), (bxd)$ などは M-交互道である.

補題 7.4.1. グラフ G の 2 つのマッチング M と N がある．すると $M \triangle N$ の各成分は次のいずれかである (図 7.23 参照).
  (i) M と N の辺が交互に並んだ偶数長さの閉路
  (ii) M と N の辺が交互に並んだ道

証明 $H = M \triangle N$ とおく．G の任意の点 x において，もし x に M と N の両方の辺が接続しており，これらが異なれば $\deg_H(x) = 2$ であり，もし同じ辺であればこの辺は H に含まれず，x も H に含まれない．もし x に M または N の一方の辺だけが接続していれば $\deg_H(x) = 1$ となる.

よって H の各点の次数は 1 または 2 であり，H の各成分は道か閉路になる.

H の次数 2 の点には M と N の辺が接続しているから，M と N 辺が互に現われ，(i) のような閉路か (ii) のような道になる．□

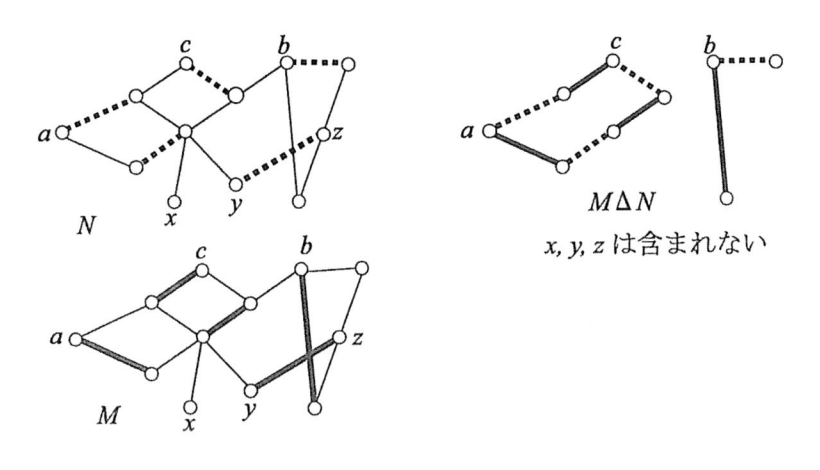

図 7.23 $M \triangle N$

定理 7.4.2. マッチング M が最大マッチングとなるための必要十分条件は，M に被覆されないどの 2 点も M-交互道で結ばれないことである．

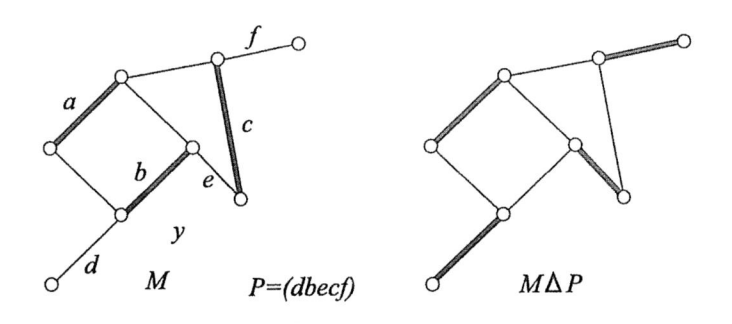

図 7.24 $M = \{a, b, c\}$ と交互道 $P = (dbecf)$；$M \triangle P = \{a, d, e, f\}$

証明 定理と同値である「M が最大マッチングでないための必要十分条件は，M に被覆されないある 2 点を結ぶ M-交互道が存在することである」を証

明する.

　M に被覆されない 2 点 v と w が M-交互道 P で結ばれていると仮定する. ここで P は辺集合で表されている. すると $M \triangle P$ は, M より 1 つ辺の多いマッチングになる (図 7.24). よって, M は最大マッチングでない.

　次に, M は最大マッチングではないと仮定する. G の最大マッチング M' をとり, $H = M \triangle M'$ を考える. $|M'| > |M|$ だから, H のある成分には M' の辺が M の辺より多くある. 補題 7.4.1 よりこのような H の成分は, M' の 1 つの辺からなる道か, または両端の辺がともに M' の辺からなる M と M' の辺が交互に並んだ道である. これらは明らかに M に被覆されない 2 つの点を結ぶ M-交互道である. □

　さて, 2 部グラフにおいては「近傍」を用いて X を被覆するマッチングが存在するための判定条件がえられたが, 一般のグラフでは 1-因子の存在判定条件を近傍を用いて与えることはできない. しかしこれより少し複雑な「奇成分」を用いて判定条件を与えることができる.

　グラフ G の成分で位数が奇数のものを**奇成分**といい, G の奇成分の数を $o(G)$ で表す.

定理 7.4.3 (1-因子定理 (Tutte))　　グラフ G に 1-因子が存在するための必要十分条件は,

$$o(G - S) \leq |S| \quad (\forall S \subset V(G)) \tag{7.2}$$

となることである.

7.5　最大マッチングを求めるアルゴリズム

　ここでは最大マッチングを求めるアルゴリズムを例を用いて説明する. もちろん完全マッチングが存在するときは, それが求められる.

　アルゴリズムの基本は定理 7.4.2 を用いることである. つまり, マッチング M が与えられたとき, もし M に被覆されない 2 つの点を結ぶ M-交互道があ

7.5 最大マッチングを求めるアルゴリズム

れば，M より大きいマッチングがつくれるし，このような M-交互道がなければ M は最大マッチングであることを利用する．これを効率よく実行するために奇閉路の縮約という技巧を用いる．以下例を用いてこれを述べる．

グラフ G とその部分グラフ H に対して，G を H で縮約するとは，H を 1 点 v に縮め，さらにえられたグラフの多重辺を 1 本の辺に置き換え新しいグラフをつくることである．たとえば図 7.25 のグラフ G を閉路 $C_1 = (bcdfeb)$ で縮約すると，C_1 が点 v_1 になり，図 7.26 のグラフ G_1 がえられる．

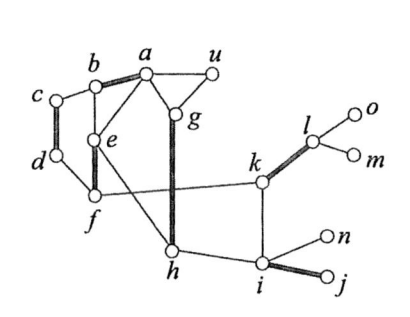

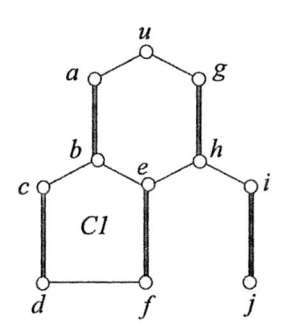

図 7.25　マッチング M と奇閉路 $C_1 = (bcdfeb)$

図 7.25 のグラフ G とマッチング M に対して，M に被覆されない点 u をとり，u を端点とする M-交互道を捜す．出発点 u を**外点**とよぶ．次に，u と $\overline{M}$ の辺で結ばれている点 a, g を求め，これらを**内点**とよぶ．同様に以後の処理で現れる点も交互に外点と内点とよぶ．

　　内点 a, g と M の辺で結ばれている外点 b, h を求め，
　　外点 b, h と $\overline{M}$ の辺で結ばれている内点 c, e, i を求め，
　　内点 c, e, i と M の辺で結ばれている外点 d, f, j を求め，
　　外点 d, f, j と $\overline{M}$ の辺で結ばれている内点 f, d を求める．

すると内点であり同時に外点となる隣接する 2 点 f と d がみつかる (図 7.25)．

このように外点であり同時に内点となる点がみつかれば，これらの点を含む奇数長さの閉路が存在する．実際，隣接する 2 点 f と d を含む奇数長さの閉路

$$C_1 = (bcdfeb)$$

があり,これは f と d から上の操作を逆にたどって容易にえられる.そして

$$G_1 = G/C_1, \qquad M_1 = M \setminus E(C) = M \cap E(G_1), \qquad v_1 = C_1$$

とおく (図 7.25). G_1 の点 v_1 は奇閉路 C_1 に対応する点である.

一般に,もし出発点 u が奇閉路 C_1 に含まれていなければ,v_1 は M_1 に被覆される点になり,もし u が C_1 に含まれていれば,v_1 は M に被覆されない点で G_1 における出発点になる.

次に G_1 において奇閉路

$$C_2 = (u\,a\,v_1\,h\,g\,u)$$

が同様にして求められ,

$$G_2 = G_1/C_2, \qquad M_2 = M_1 \cap E(G_2), \qquad v_2 = C_2$$

とおく (図 7.26). ここで M_2 は点 u を含むので,v_2 は M_2 に被覆されない点になる.

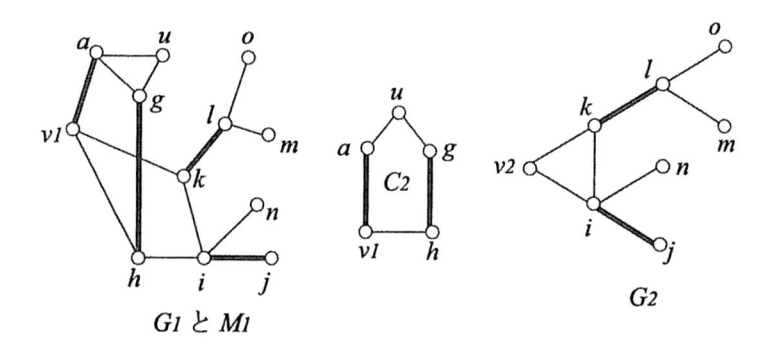

図 7.26 G_1 とマッチング M_1; $G_2 = G/C_2$, $C_2 = (uav_1hg)$; M_2

そして v_2 から同様の操作をして v_2 と m を結ぶ G_2 の M_2-交互道

$$P_2 = (v_2\,k\,\ell\,m)$$

を求める.これから G_1 の M_1-交互道 P_1 が求まり,続いて G の M-交互道 P

7.5 最大マッチングを求めるアルゴリズム

が求められる.

$$P_1 = (u\,a\,v_1\,k\,\ell\,m), \qquad P = (u\,a\,b\,e\,f\,k\,\ell\,m)$$

ここで P_i から P_{i-1} をつくるとき,閉路 C_i が奇閉路であることが利用されている.たとえば P_2 から P_1 を求めるときには,v_2 は C_2 に対応しており,かつ k と隣接している C_2 の点は v_1 である.そして u と v_1 は $(u\,a\,v_1)$ と $(u\,g\,h\,v_1)$ の 2 つの道で結ばれており,どちらか一方を v_2 に代入すれば P_1 がえられる.ここでは $(u\,a\,v_1)$ を代入して P_1 をえた.

次に P_1 の v_1 は C_1 に対応しており,a と隣接する点は b で,k と隣接する点は f であり,b と f を結ぶ道は 2 本 $(b\,c\,d\,f)$ と $(b\,e\,f)$ がある.そして $P_1 = (u\,a\,v_1\,k\,\ell\,m)$ の v_1 をこのなかの $(b\,e\,f)$ に置き換えれば P がえられる.P は M に被覆されない 2 点 u と m を結ぶ M-交互道であり,M より大きいマッチング $M' = M \triangle E(P)$ がえられる.

M' と G において,M' に含まれない点 n から始めて同様の操作をしても n と o を結ぶ M'-交互道がなく,M' は G の最大マッチングであることがわかる(図 7.27).

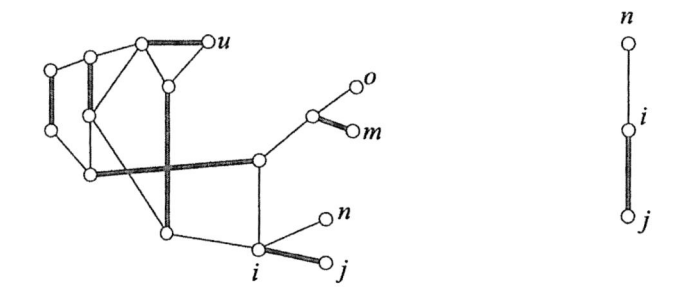

図 7.27 G' と最大マッチング M'

ここで注意を述べる.M に被覆されない点 x から始めて M-交互道がみつかることなく操作が終了することもある.このときには,x と M に被覆されていない別の点を結ぶ M-交互道は存在しない.よって M に被覆されない別の点 y において同じ操作をすることになる.その際 x における操作で現れた点をす

べて除去した小さいグラフ G' をつくり, y における操作はここで行えばよいことがわかっている. (図 7.28).

このようにして最大マッチングは効率的に求められる. なお, 2部グラフにおいて同じ操作をすると, 2部グラフには奇閉路が存在しないので, 奇閉路による縮約の操作をせずに直接 M-交互道がえられるか, またはその非存在がわかる.

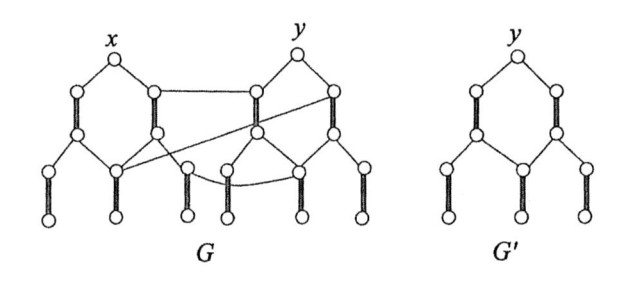

図 7.28　G と G' における y を始点とする M-交互道；ただし, x を出発点とする M-交互道はないとする

7.6 演 習 問 題

問題 7.1 Q_7 において (1011000) と (0010110) を結ぶ最短道を求めよ．

問題 7.2 Q_5 において (00000) と (01111) を結ぶ最短道は $4! = 24$ 個あることを説明せよ．

問題 7.3 Q_4 にハミルトン閉路が存在することを，一般の場合にも適用できる方法で示せ．

(ヒント) Q_3 にはハミルトン閉路が存在すると仮定してよい．定義 1 による Q_4 の構成法を利用せよ．

問題 7.4 Q_7 において (0000000) と (0011011) を結ぶ 7 本の内点素な道を求めよ．つぎに，$a = (1011010)$ と $b = (0110100)$ を結ぶ 7 本の内点素な道を求めよ．

問題 7.5 Q_6 において，2 点 (000000) と (110011) を結ぶ道と，2 点 (100100) と (010101) を結ぶ道で互いに交差しないもの (点を共有しないもの) を求めよ．組織的な方法でなくてよい．

問題 7.6 Q_n は n-連結であることを示せ．

(ヒント) 点切断 S をとる．$G - S$ の異なる成分に含まれる 2 点を結ぶ内点素な n 本の道があることを利用せよ．

問題 7.7 Q_5 において 5 点 $\{(00001), (01010), (01001), (11101), (01000)\}$ と 5 点 $\{(00101), (10001), (11001), (00101), (01110)\}$ を結ぶ点素な道を 5 本求めよ．どの点とどの点を結ぶかは，自由に決めてよい．

(ヒント) Q_5 は 5-連結グラフだから，問題 7.12 によりこのような 5 本の点素な道が存在することは保証されている．また流れのアルゴリズムを用いればそれらを求めることができる．しかしここでは勘で求めよ．

問題 7.8 Q_5 において 5 点 $\{(00010), (10001), (01011), (1100), (11101)\}$ を通るハミルトン閉路より短い閉路を求めよ．ただし通る順番は問わない．

(ヒント) Q_5 は 5-連結グラフだから,定理 7.2.8(p.145) よりこのような閉路は存在する.これも勘で求めよ.

問題 7.9 (1) k-連結グラフ G とその点 v に対して,$G - v$ は $(k-1)$-連結であることを示せ.

(2) k-連結グラフ G とその辺 e に対して,$G - e$ は $(k-1)$-連結であることを示せ.

問題 7.10 2-連結グラフ G とその辺 e に対して,e に次数 2 の新しい点を加えてえられるグラフを G' とする (図 7.6(p.143)).すると G' も 2-連結であることを示せ.

問題 7.11 3-連結グラフ G で,G のある 4 点に対してはこれらを通る閉路が存在しないような G をえがけ.

(ヒント) 3 点に対しては,これらを通る閉路が存在する.3 点からなる点切断を除去すると 4 個の成分からなるグラフを考えよ.

問題 7.12 k-連結グラフ G の $2k$ 個の異なる点 $x_1, x_2, \cdots, x_k, y_1, y_2, \cdots, y_k$ に対して,$\{x_1, x_2, \cdots, x_k\}$ と $\{y_1, y_2, \cdots, y_k\}$ を結ぶ k 本の点素な道があることを証明せよ.なおこれらの道の両端点は x_i と y_j を結んでおり,その順番は問わない (図 7.29).

(ヒント) 定理 7.2.1(p.140) を使え.図 7.17 と図 7.18 参照.

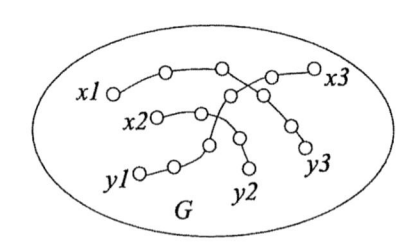

図 7.29 3-連結グラフ G と $\{x_1, x_2, x_3\}$ と $\{y_1, y_2, y_3\}$ を結ぶ点素な 3 本の道

問題 7.13 (1) r-正則な 2 部多重グラフの部集合を $X \cup Y$ とする.すると $|X| = |Y|$ となることを示せ.

(2) $A \cup B$ を部集合とする 2 部多重グラフ G がある．もし
$$\deg_G(x) = r \quad (x \in A), \qquad \deg_G(y) = 2r \quad (y \in B)$$
なら $|A| = 2|B|$ であることを示せ．

問題 7.14 2 部多重グラフ G の最大次数を $\Delta = \Delta(G)$ とおく．すると G を部分グラフとして含む Δ-正則な 2 部多重グラフが存在することを証明せよ．

(ヒント) 図 7.17(p.155) 参照．$|X| \geq |Y|$ と仮定してよい．まず Y に $|X|-|Y|$ 個の新しい点を加えて $|X| = |Y|$ とする．最大次数は Δ 以下であるという条件を保って新しい辺を加えていく．辺が加えられなくなったグラフを H とする．もし H に $\deg_H(x) < \Delta$ となる点 $x \in X$ があれば，Y にも $\deg_H(y) < \Delta$ となる点があり，H にさらに新しい辺が加えられることを示せ．これは H のつくり方に矛盾するから H は Δ-正則な 2 部多重グラフであることがわかる．

問題 7.15 2 部多重グラフ G には，最大次数の点をすべて被覆するマッチングが存在することを証明せよ．

(ヒント) 問題 7.14=定理 7.3.3(p.154) を使え．

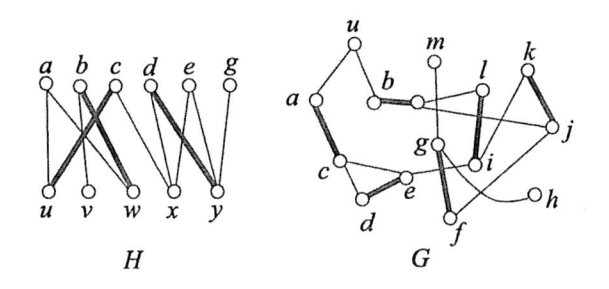

図 7.30 2 部グラフ H とグラフ G とそれらのマッチング

問題 7.16 図 7.30 の 2 部グラフ H の最大マッチングを，与えられたマッチング M から交互道を用いて求めよ．なお被覆されていない点を $a, b, c, \cdots$ の順に捜して，その点から交互道を探索せよ．

問題 7.17 図 7.30 のグラフ G の最大マッチングを，マッチング M から交互道を用いて求めよ．なお出発点は u とする．

問題 7.18 2部グラフ G の最小点被覆 U は最大マッチング M を利用して求められる．M に被覆されていないすべての点に対して交互道の探索を行い，これらの内点の集合が U となる．図 7.19(p.156) においてこれを確かめよ．次に図 7.30 の 2 部グラフ H の最小点被覆を H の最大マッチングを求めてから求めよ (問題 7.16).

参 考 文 献

本書を著わすにあたり特に参考にした書籍は次の通りである．なお，文献 [1] には詳しい関連書籍のリストがあるので参考にしてほしい．

1) 秋山仁 「グラフ理論最前線」 朝倉書店 (1998)
2) West 「Introduction to Graph Theory」 Printice Hall (1996)
3) 恵羅博, 土屋守正 「グラフ理論」 産業図書 (1996)
4) 浅野孝夫 「情報の構造 上, 下」 日本評論社 (1994)
5) Sedgewick (野下, 星, 他訳)「アルゴリズム 1,2,3」 近代科学社 (1994)
6) 根上生也 「離散構造」共立出版 (1993)
7) 前原濶, 根上生也 「幾何学的グラフ理論」 朝倉書店 (1992)
8) Bondy and Murty (立花, 奈良, 田澤 訳)「グラフ理論への入門」 共立出版 (1991)
9) Lovász (秋山, 榎本 監訳, 成島, 土屋 他訳)「組合せ論演習 I,II,III,IV」東海大学出版会 (1988)
10) Wilson (斎藤, 西関 訳)「グラフ理論入門」 近代科学社 (1985)
11) Behzad, Chartrand and Leasniak (秋山, 西関 訳) 「グラフとダイグラフの理論」 共立出版 (1981)
12) Aho, Hopcroft and Ullman (野崎, 野下 他訳)「アルゴリズムの設計と解析 I,II」 サイエンス社 (1977)
13) Ford and Fulkerson 「Flows in Networks」 6th ed. The Rand Corporation Pub. (1974)

索　引

ア　行

位数, 8
1-因子, 153
入口, 116
入次数, 15

オイラー回路, 44
オイラーグラフ, 44
親, 67

カ　行

外点, 161
外平面グラフ, 103
外平面的グラフ, 104
外領域, 86
回路, 34
カット, 121
カット容量, 121
完全 n 部グラフ, 19
完全グラフ, 19
完全 2 部グラフ, 19
完全マッチング, 48, 153

木, 58
基礎グラフ, 10
基本回路, 77

基本辺切断, 77
強連結成分, 40
強連結成分分解, 40
強連結有向グラフ, 39
極大平面グラフ, 89
距離, 40, 60
近傍, 15

グラフ, 8
グラフの積, 21
グラフの結び, 21
グラフの和, 20

弧, 10
子, 67
広義グラフ, 9
交互道, 158
弧切断, 129
弧素, 129
小道, 33
孤立点, 14

サ　行

最小重みの全域木, 74
最小次数, 14
最小点被覆, 155
彩色, 99
サイズ, 8
最大重みの全域木, 74
最大次数, 14

最大マッチング, 157
最短経路, 40
最短道, 40
細分, 92

次数, 13
次数列, 16
始点, 10
車輪グラフ, 25
重心, 61
終点, 10
縮約, 24, 161
巡回セールスマン問題, 53

正則グラフ, 14
成分, 34
接続, 9
切断点, 36
切断辺, 37
全域木, 71
全域部分グラフ, 22
染色数, 101

増大道, 122
双対グラフ, 88

タ 行

多重グラフ, 9
多重辺, 9
単純グラフ, 9
端点, 8
端末点, 14
端末辺, 14

中心, 60
直径, 60

出口, 116
出次数, 15
点, 8
点集合, 8

点被覆, 155
同形, 9, 68
閉じた歩道, 34

ナ 行

内点, 161
内点素, 130
流れ, 117

2部グラフ, 20
2分探索木, 67

根, 67
根付き木, 67
ネットワーク, 116

ハ 行

橋, 37
ハミルトン閉路, 50
半径, 60

ピース, 93
被覆, 149

深さ優先探索全域木, 71
部分グラフ, 22

平面グラフ, 85
平面的グラフ, 85
閉路, 20, 34
ペテルセングラフ, 25
辺, 8, 9
辺彩色, 106
辺集合, 8
辺切断, 76, 127
辺染色数, 106
辺素, 127
辺の隣接, 9

辺連結度, 37

補グラフ, 22
補全域木, 77
歩道, 33
歩道の始点, 33
歩道の終点, 33
歩道の長さ, 33

マ 行

マッチング, 157

道, 20, 33
道の長さ, 40

ヤ 行

有向グラフ, 10
誘導された部分グラフ, 22
誘導部分グラフ, 23

容量, 116
欲張りアルゴリズム, 75

ラ 行

離心値, 60

立方体グラフ, 25, 136
流出量, 118
流入量, 118
流量, 118
領域, 86
領域の次数, 86
隣接, 8
隣接行列, 27
隣接リスト表, 27

ループ, 9

レベル, 67
連結グラフ, 34
連結度, 36

欧 文

k-彩色可能, 101
k-辺彩色可能, 106
k-辺連結, 37
k-連結, 36

n 部グラフ, 20

著者略歴

加納 幹雄（かのう みきお）

1949年　島根県に生まれる
　　　　大阪大学大学院理学研究科博士課程中退
現　在　茨城大学工学部教授
　　　　理学博士

入門 有限・離散の数学 6
情報科学のためのグラフ理論　　　　　　定価はカバーに表示

2001年 2月20日　初版第 1 刷
2021年11月25日　第14刷

著　者　加　納　幹　雄
発行者　朝　倉　誠　造
発行所　株式会社　朝倉書店
　　　　東京都新宿区新小川町 6-29
　　　　郵便番号 162-8707
　　　　電話 03(3260)0141
　　　　FAX 03(3260)0180
　　　　https://www.asakura.co.jp

〈検印省略〉

© 2001〈無断複写・転載を禁ず〉　　Printed in Korea

ISBN 978-4-254-11424-9　C 3341

JCOPY 〈出版者著作権管理機構 委託出版物〉

本書の無断複写は著作権法上での例外を除き禁じられています．複写される場合は，そのつど事前に，出版者著作権管理機構（電話 03-5244-5088, FAX 03-5244-5089, e-mail: info@jcopy.or.jp）の許諾を得てください．

好評の事典・辞典・ハンドブック

数学オリンピック事典	野口　廣 監修　B5判 864頁
コンピュータ代数ハンドブック	山本　慎ほか訳　A5判 1040頁
和算の事典	山司勝則ほか編　A5判 544頁
朝倉　数学ハンドブック［基礎編］	飯高　茂ほか編　A5判 816頁
数学定数事典	一松　信 監訳　A5判 608頁
素数全書	和田秀男 監訳　A5判 640頁
数論＜未解決問題＞の事典	金光　滋 訳　A5判 448頁
数理統計学ハンドブック	豊田秀樹 監訳　A5判 784頁
統計データ科学事典	杉山高一ほか編　B5判 788頁
統計分布ハンドブック（増補版）	蓑谷千凰彦 著　A5判 864頁
複雑系の事典	複雑系の事典編集委員会 編　A5判 448頁
医学統計学ハンドブック	宮原英夫ほか編　A5判 720頁
応用数理計画ハンドブック	久保幹雄ほか編　A5判 1376頁
医学統計学の事典	丹後俊郎ほか編　A5判 472頁
現代物理数学ハンドブック	新井朝雄 著　A5判 736頁
図説ウェーブレット変換ハンドブック	新　誠一ほか監訳　A5判 408頁
生産管理の事典	圓川隆夫ほか編　B5判 752頁
サプライ・チェイン最適化ハンドブック	久保幹雄 著　B5判 520頁
計量経済学ハンドブック	蓑谷千凰彦ほか編　A5判 1048頁
金融工学事典	木島正明ほか編　A5判 1028頁
応用計量経済学ハンドブック	蓑谷千凰彦ほか編　A5判 672頁

価格・概要等は小社ホームページをご覧ください．